AutoCAD 2021 实用教程

主　　编：滕淑珍　王晓慧
副 主 编：戴本尧　韦志钢　毛　文

电子工业出版社·

Publishing House of Electronics Industry

北京·BEIJING

内 容 简 介

本书以机械图样绘制为主线，按照机械制图的思路，将其分为绘图基础、二维绘图、图形编辑、尺寸标注、三维绘图、绘制轴测图、多重引线、图块、绘制专业图九大章，每章包含相关的命令，每个命令先介绍总步骤，再结合实例演示其具体操作步骤，由浅入深、循序渐进地讲解了 AutoCAD 2021 的基本命令及其在机械图样绘制上的应用。

本书可供高等职业院校机械类或近机械类专业使用，也可供相关工程技术人员参考。

图书在版编目（CIP）数据

AutoCAD 2021 实用教程 / 滕淑珍，王晓慧主编. —北京：电子工业出版社，2021.8

ISBN 978-7-121-41596-8

Ⅰ. ①A… Ⅱ. ①滕… ②王… Ⅲ. ①AutoCAD 软件—高等学校—教材 Ⅳ. ①TP391.72

中国版本图书馆 CIP 数据核字（2021）第 140116 号

责任编辑：康　静

印　　刷：河北鑫兆源印刷有限公司

装　　订：河北鑫兆源印刷有限公司

出版发行：电子工业出版社

　　　　　北京市海淀区万寿路 173 信箱　邮编：100036

开　　本：787×1092　1/16　印张：14.25　字数：364.8 千字

版　　次：2021 年 8 月第 1 版

印　　次：2023 年 1 月第 4 次印刷

定　　价：43.00 元

凡所购买电子工业出版社图书有缺损问题，请向购买书店调换。若书店售缺，请与本社发行部联系，联系及邮购电话：（010）88254888，88258888。

质量投诉请发邮件至 zlts@phei.com.cn，盗版侵权举报请发邮件至 dbqq@phei.com.cn。

本书咨询联系方式：（010）88254609，hzh@phei.com.cn。

前　言

　　AutoCAD 是计算机辅助设计领域应用最广的软件，在机械工程、土木工程、轻工、化工、建筑装饰等领域发挥着巨大的作用。各职业技术院校和培训机构都将 AutoCAD 作为一门专业课程授课，以适应社会发展的需要。

　　AutoCAD 软件具有强大的二维绘图功能，是代替手工绘图的主要软件，是实际工程中绘制工程图应用最广泛的软件。AutoCAD 软件的应用应该与各专业相结合，如机械行业专业人员应用 AutoCAD 软件应该与机械制图相结合，这样才能更大程度地发挥软件的作用。AutoCAD 2021 是目前最新的版本，操作更方便、快捷，与其他软件相容性也更强。

　　本书根据 AutoCAD 在实际中的应用以及十多年的教学经验，精心设置了九章内容，分别为绘图基础、二维绘图、图形编辑、尺寸标注、三维绘图、绘制轴测图、多重引线、图块、绘制专业图。每个章节都围绕 AutoCAD 软件的应用展开，每个命令都有详细的操作步骤，大部分命令都有实例进一步讲解其操作步骤。本书的主要特色是实例简单易学，且具有代表性，为学生学习提供了方便，可作为大专院校的教学用书及工程技术人员的学习参考书。

　　本书在编写过程中，注重与《机械制图》相联系，在设计教材内容时，以 AutoCAD 2021 为载体，紧密结合《机械制图》的内容，真正达到计算机辅助绘图的目的。书中绘制专业图一章重点介绍机械图纸的绘制，其中用到很多制图的国家标准，读者学习时应结合《机械制图》课程内容，进一步理解制图要求，做到遵守和贯彻国家标准。此外，该章有很多实例来自实际的经验，其操作步骤有很强的指导性。

　　AutoCAD 作为一种应用软件，必须通过大量练习才能掌握，因此，本书每个章节后面都配有上机练习，可以帮助读者进一步熟悉相关命令的使用，应用所学知识分析和解决具体问题。

　　本书由滕淑珍、王晓慧任主编，戴本尧、韦志钢、毛文任副主编。参加编写的有浙江工贸职业技术学院王晓慧（第 1 章），浙江工贸职业技术学院毛文（第 2 章），浙江工贸职业技术学院戴本尧（第 3 章），浙江工贸职业技术学院滕淑珍（第 4～8 章），浙江工贸职业技术学院韦志钢（第 9 章）。限于编写时间和编者的水平，书中不足之处在所难免，望广大读者批评指正，编者将不胜感激。

编　者

2021 年 3 月

目　录

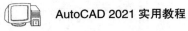

第1章 绘图基础

本章中学习并运用 AutoCAD 2021 绘图的有关基本知识，了解如何设置图形的系统参数、熟悉建立新的图形文件、打开已有文件的方法等。本章将通过几个典型实例来让读者熟悉 AutoCAD 2021 的工作界面，掌握绘图环境和图层的设置、点的精确定位、辅助绘图工具的使用，为后续章节的学习奠定坚实的基础。

1.1 AutoCAD 简介

CAD 是计算机辅助设计（Computer Aided Design）的英文缩写，是指利用计算机来完成设计工作并产生图形图像的一种方法和技术。常用的计算机辅助设计软件有很多，如 AutoCAD、UG、Pro/E、MasterCAM、SolidWorks 等，本书介绍的是 AutoCAD 2021 软件的应用。AutoCAD 是美国 Autodesk 公司推出的通用 CAD 软件包，最早开发于 20 世纪 80 年代，经过不断完善，AutoCAD 已经成为国际上广为流行的绘图工具。AutoCAD 可以绘制二维和三维图形，尤其是其强大的二维绘图功能，绘图速度快、精度高，完全可以代替传统的手工绘图。

1.2 电脑配置要求

AutoCAD 2021 软件对电脑要求较高，主要有以下几个要求：
（1）操作系统：Windows 10。
（2）处理器：基本要求 2.5～2.9GHz，建议 3GHz 以上。
（3）内存：基本要求 8GB，建议 16GB。
（4）位数：64 位。
（5）鼠标：带滚轮的三键鼠标。

1.3 打开退出程序

1.3.1 AutoCAD 2021 的启动

启动 AutoCAD 2021 主要有两种方法：
（1）双击电脑桌面上的快捷图标 A。

（2）双击任意一个已经存在的 AutoCAD 图形文件。

以上两种方法双击后先出现如图 1-1 所示的加载界面，加载完毕后，出现如图 1-2 所示的启动界面。

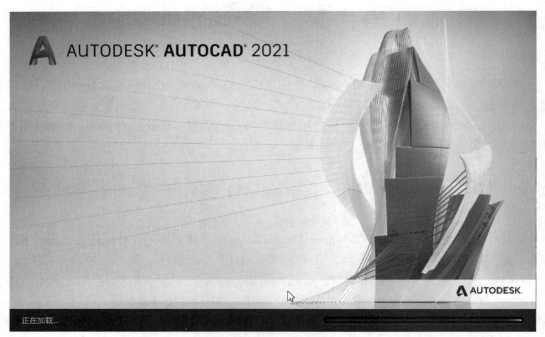

图 1-1　AutoCAD 2021 的加载界面

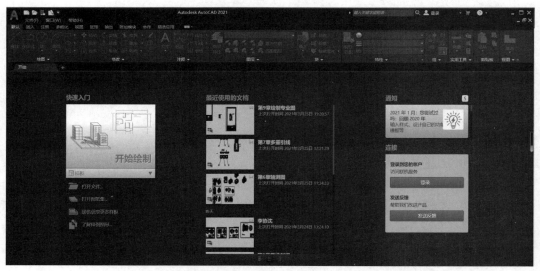

图 1-2　AutoCAD 2021 的启动界面

1.3.2　AutoCAD 2021 的退出

退出 AutoCAD 2021 的方法有很多，常用的方法有以下三种：

（1）命令行：输入 quit 或 exit，按 Enter 键。

（2）菜单："文件"→"退出"。

（3）单击 AutoCAD 2021 工作空间标题栏右侧的关闭按钮 ❌（位于工作界面的右上角）。

1.4　文件

AutoCAD 2021 软件打开后，需要建立文件，在文件内绘图，然后存盘，使得文件可以进行调用、复制、打印等操作。如果要调用文件，则需要先打开文件。

1.4.1　新建文件

新建图形文件有以下三种方法：

（1）单击 AutoCAD 界面标题栏最左侧的"新建"图标 ▢。

（2）命令行：输入 new，按 Enter 键。

（3）菜单："文件"→"新建"。

单击"新建"图标 ▢，弹出"选择样板"对话框，如图 1-3 所示。在该对话框中，选择对应的样板后，单击"打开"按钮，系统会以所选择的样板为模板建立图形文件。

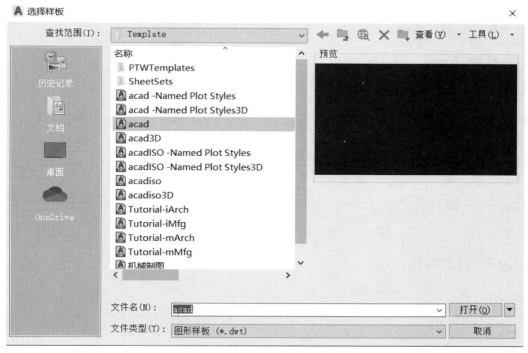

图 1-3　"选择样板"对话框

1.4.2　保存文件

图形文件的保存有以下三种方法：

（1）单击 AutoCAD 界面标题栏左侧的"保存"图标 ▉。

（2）命令行：输入 qsave 或 saveas，按 Enter 键。

（3）菜单："文件"→"保存"，或"文件"→"另存为"。

单击"保存"图标 ▉，如果当前图形文件是第一次保存的，则弹出"图形另存为"对话框，如图 1-4 所示。通过该对话框指定文件的保存路径及文件名后，单击"保存"按钮；如果当前图形文件已经保存过，则 AutoCAD 2021 将以原文件名保存图形文件，不再要求用户指定文件的保存路径及文件名；如果想对已经保存过的图形文件换一个文件名保存，则单击"另存为"图标 ▉，AutoCAD 2021 也弹出如图 1-4 所示的"图形另存为"对话框，输入文件的保存路径及文件名后，单击"保存"按钮。

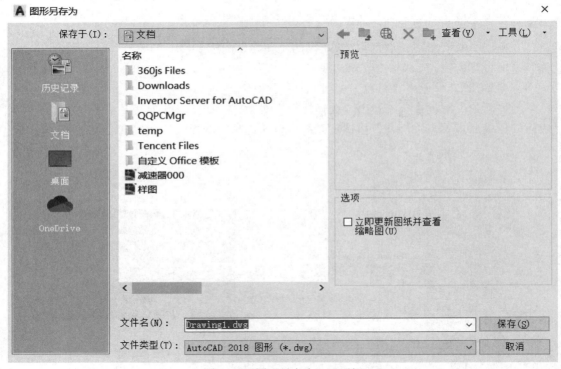

图 1-4 "图形另存为"对话框

1.4.3 打开文件

图形文件的打开有以下三种方法：

（1）单击 AutoCAD 界面标题栏左侧的"打开"图标 ▉。

（2）命令行：输入 open，按 Enter 键。

（3）菜单："文件"→"打开"。

单击"打开"图标 ▉，AutoCAD 弹出"选择文件"对话框，如图 1-5 所示。在该对话框中选择要打开的图形文件，单击"打开"按钮。在"选择文件"对话框中的文件选择区内选中某一图形文件时，一般右边的"预览"区会显示该图形文件的预览图像。

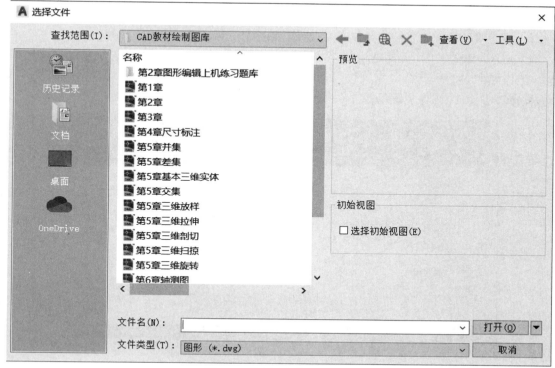

图 1-5　"选择文件"对话框

1.5　鼠标

1. 鼠标类型

本软件最好选择带滚轮的鼠标。

2. 单击

单击是指鼠标左键敲击一下，简称为单击。单击往往表示选中某命令。

3. 双击

双击是指连续两下轻轻敲击鼠标左键。

4. 右击

右击是指鼠标右键敲击一下。右击往往表示结束或确认某命令，有时等同于按回车键，有时表示当前状态下的快捷选择项。

5. 滚轮

在绘图状态下，滚轮往上滚动可以使得图形放大，滚轮往下滚动可以使得图形缩小，双击滚轮则可以使图形满屏显示，使图形充满整个绘图区。

1.6　工作界面

AutoCAD 2021 工作界面是绘制、编辑图形和设置相关参数的工作环境。通过 AutoCAD 2021 工作界面中的工具栏、工具选项、下拉菜单中的指令，在绘图区中绘制和编辑图形文件。AutoCAD 2021 工作界面如图 1-6 所示。

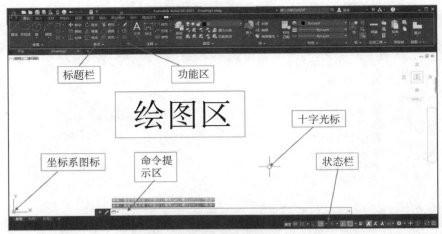

图 1-6　AutoCAD 2021 工作界面

1. 标题栏

标题栏位于工作界面的顶端。标题栏左侧依次显示的是应用程序菜单、快速访问工具栏选项；标题栏中间则显示软件名称、当前运行程序的名称和文件名等信息，最后是最小化、最大化与关闭按钮。标题栏形式如图 1-7 所示。

图 1-7　AutoCAD 2021 标题栏

2. 功能区

AutoCAD 2021 功能区位于标题栏下方，绘图区上方，它集中了 AutoCAD 2021 软件的所有绘图命令。不同工作空间，其功能区不同，以下是三种工作空间的功能区。

（1）草图与注释工作空间功能区，如图 1-8 所示。

图 1-8　AutoCAD 2021 草图与注释工作空间功能区

（2）三维基础工作空间功能区，如图 1-9 所示。

图 1-9　AutoCAD 2021 三维基础工作空间功能区

（3）三维建模工作空间功能区，如图 1-10 所示。

图 1-10　AutoCAD 2021 三维建模工作空间功能区

3. 应用程序菜单

通过应用程序菜单可进行快速的文件管理、图形发布以及选项设置。单击界面左上角软件图标按钮，弹出列表，在展开的列表中，用户可对图形进行"新建""打开""保存""另存为""打印""发布""图形实用工具"（见图 1-11）及"关闭"操作。其中部分命令带有级联菜单。当命令以灰色显示的，则表示命令不可用。

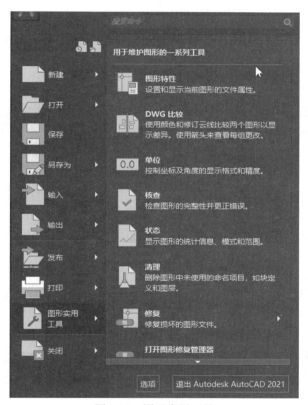

图 1-11　图形实用工具

4. 快速访问工具栏

快速访问工具栏默认位于操作界面的左上方，该工具栏放置了一些常用命令的快捷图标，如"新建""打开""保存""打印""撤销"等。单击右侧下拉按钮，可在展开的列表中选择所需绘图环境选项，如图 1-12 所示。

5. 图形文件选项卡

在 AutoCAD 2021 中使用该选项卡，可在打开的图形之间相互切换。默认情况下，该选项卡位于功能区的下方、绘图窗口的上方，如图 1-13 所示。

图 1-12　快速访问工具栏

图 1-13　图形文件选项卡

6. 绘图区

绘图区是用户绘画的主要工作区域，它占据了屏幕绝大部分空间，所有图形的绘制都是在该区域完成的。该区域位于功能区的下方，命令行的上方。绘图区的左下方为用户坐标系（UCS），如图 1-6 所示。

7. 命令行

AutoCAD 2021 的命令行即命令提示区，在默认情况下位于绘图区的下方。当然也可根据需要将其移至其他合适位置。它用于输入系统命令或显示命令提示信息，如图 1-14 所示。

图 1-14　命令行形式

8. 状态栏

状态栏位于操作界面的底端，如图 1-15 所示，它用于显示当前用户的工作状态。状态栏显示一些绘图辅助工具；该栏的最右侧则显示自定义绘图状态的按钮。状态栏中灰色按钮表示该功能关闭，蓝色表示该功能打开，单击各图标可以控制各功能的开与关。

图 1-15　状态栏

9. 快捷菜单

用户只需在绘图区域空白处右击鼠标，即可打开快捷菜单。无操作情况下的快捷菜单和有操作下的快捷菜单是不同的，后者会根据选中对象的不同弹出不同的菜单栏目，我们称为智能菜单。

1.7　工作空间

AutoCAD 软件默认有草图与注释、三维基础和三维建模三种工作空间。草图与注释工作空间主要用于二维工程图的绘制，所得图形是二维图形；三维基础和三维建模主要用于绘制三维图形。习惯使用老版本的工程师可以自创一个经典界面的工作空间。

工作空间视频

1.7.1　经典模式工作空间

【例 1-1】创建一个名为"经典模式"的图形工作空间。

操作步骤如下：

（1）双击桌面上的 AutoCAD 2021 快捷方式图标，如图 1-16 所示，启动 AutoCAD 2021 软件。

（2）显示菜单栏。单击快速访问工具栏中的按钮，在下拉菜单中单击"显示菜单栏"命令，如图 1-17 所示。经过这一步操作后，系统显示经典菜单栏，包含"文件、编辑、视图、插入、格式、工具、绘图、标注、修改、参数、窗口、帮助"，如图 1-18 所示。

图 1-16　AutoCAD 2021 快捷方式图标

（3）调出工具栏。依次单击"工具"→"工具栏"→"AutoCAD"，展开级联菜单，选择需要显示的工具栏，如修改、绘图、标准、图层、标注等，然后将其放置到合适位置，如图 1-19 所示。

（4）切换选项卡、面板标题、面板按钮。在选项卡的精选应用右边的上三角按钮上单击，可以切换"最小化为选项卡""最小化为面板标题""最小化为面板按钮"，也可以在下三角形上选择，如图 1-20 所示。选择结果如图 1-21、图 1-22、图 1-23 所示。

如果认为"功能区"选项卡"默认、插入、注释、参数化、视图、管理、输出、附加模块、协作、精选应用"等工具条没必要显示，则在该行任意位置右击，弹出快捷菜单，单击"关闭"选项即可，如图 1-24 所示；或在命令行中输入"r"后，选择"ribbonclose"，按回车键即可。

图 1-17　显示菜单栏

文件(F)　编辑(E)　视图(V)　插入(I)　格式(O)　工具(T)　绘图(D)　标注(N)　修改(M)　参数(P)　窗口(W)　帮助(H)

图 1-18　经典菜单栏

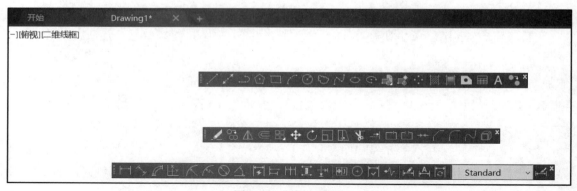

图 1-19　调用工具栏

图 1-20　切换选项卡

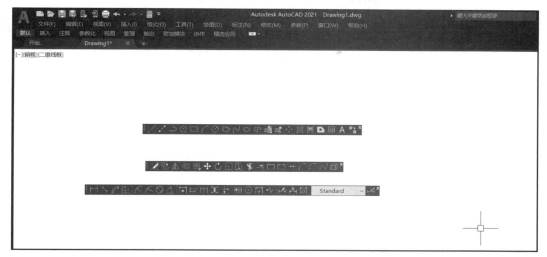

图 1-21　最小化为选项卡

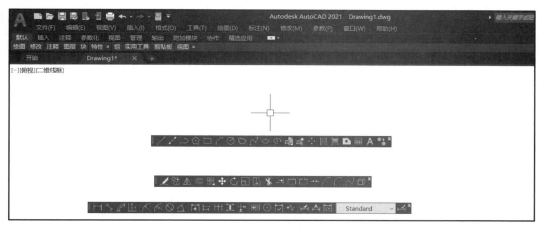

图 1-22　最小化为面板标题

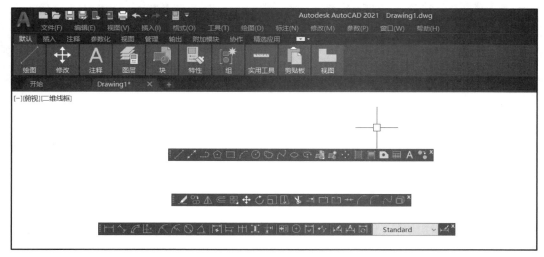

图 1-23　最小化为面板按钮

图 1-24　关闭部分选项卡

（5）关闭"文件"选项卡。如果想关闭"文件"选项卡，可在菜单栏依次单击"工具"→"选项"，调出"选项"对话框，不勾选"显示文件选项卡"，如图 1-25 所示。

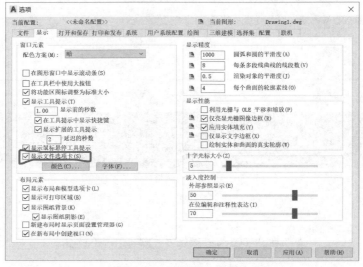

图 1-25　"选项"对话框

如果不愿显示"导航栏"，也可将其关闭。找到绘图区左上角，单击"[-]"（见图 1-26 空白区的左上角），去掉已勾选的"ViewCube"和"导航栏"，结果如图 1-26 关闭导航栏所示。

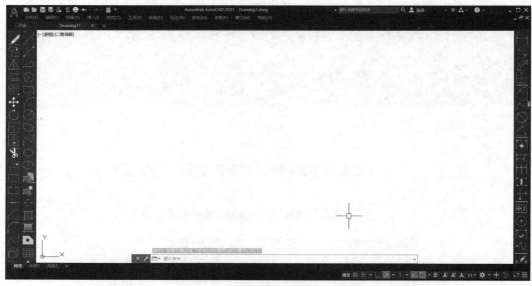

图 1-26　关闭导航栏

如果出现工具栏太小的现象，可以在绘图区空白处单击右键，调出"选项"对话框，然后勾选"在工具栏中使用大按钮"，前面调出的"修改""绘图""标准""图层""标注"等工具栏图标变大，如图 1-27 所示，设置结果如图 1-28 所示。

按住工具栏最左侧，拖动工具栏，将工具栏放置合适位置，则传统的经典界面设置完成，如图 1-29 所示。

图 1-27　勾选"在工具栏中使用大按钮"

图 1-28　放大后的工具栏

图 1-29　传统经典界面

为了以后使用方便，可将经典界面保存。单击 CAD 界面右下角的状态栏中齿轮图标右侧倒置的黑色三角形，选择"将当前工作空间另存为"，在以后的绘图过程中就可以在各种工作空间中进行选择了，如图 1-30 所示。

图 1-30　保存"经典模式"工作空间

1.7.2　"草图与注释"工作空间

在"草图与注释"工作空间中可以绘制二维图形。

操作步骤如下：

（1）单击工作空间中的图标 ⚙。

（2）单击图标右侧的倒置三角形 ▾。

（3）选中"草图与注释"，选中后会在其前面显示 ✔，如图 1-31 所示。

（4）工作界面显示如图 1-6 所示。

1.7.3　"三维基础"工作空间

在"三维基础"工作空间中可以绘制常见的简单的三维模型。

操作步骤如下：

（1）单击工作空间中的图标 ⚙。

（2）单击图标右侧的倒置三角形 ▾。

（3）选中"三维基础"，选中后会在其前面显示 ✔，如图 1-32 所示。

（4）工作界面显示如图 1-33 所示。

图 1-31　选择"草图与注释"工作空间

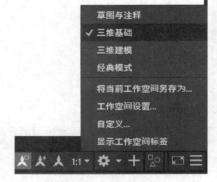

图 1-32　选择"三维基础"工作空间

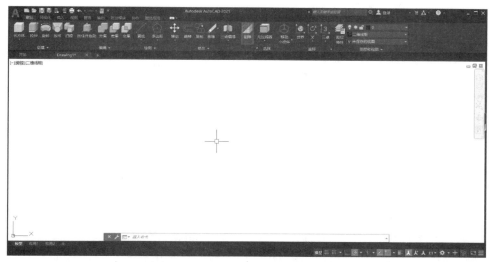

图 1-33　"三维基础"工作空间界面

1.7.4　"三维建模"工作空间

在"三维建模"工作空间中可以绘制各类复杂的三维模型，所有三维基础可以创建的三维实体都可以在三维建模空间中完成。

操作步骤如下：

（1）单击工作空间中的图标 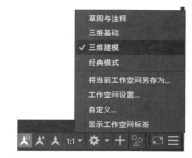。

（2）单击图标右侧的倒置三角形 。

（3）选中"三维建模"，选中后会在其前面显示 ，如图 1-34 所示。

（4）工作界面显示如图 1-35 所示。

图 1-34　选择"三维建模"工作空间

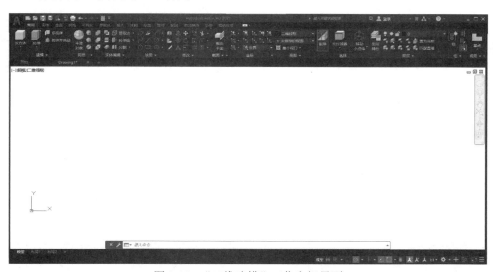

图 1-35　"三维建模"工作空间界面

1.8　绘图环境

绘图环境设置
视频

在绘制图形时，AutoCAD 的默认设置不符合国家标准的规定，应根据制图有关的国家标准的需要来设置绘图环境。

【例 1-2】 设置图形界限为 A4，长度单位精度保留 3 位有效数字，角度单位精度保留 1 位有效数字，并使 A4 图形界限显示最大化。

操作步骤如下：

（1）双击桌面上的 AutoCAD 快捷方式图标 **A**，启动 AutoCAD 2021 软件。

（2）启动 AutoCAD 2021 软件后，选择"经典模式"作为初始工作空间。

（3）图形界限的设置。选择下拉式菜单"格式"，再选择"图形界限"，然后在命令行中输入左下角点坐标"0，0"，若与系统默认相同，则直接按回车键，然后输入右上角点坐标"210，297"，按回车键。如果不是在"经典模式"工作空间，则可以直接在命令行中输入英文命令"limits"，按回车键，剩余操作与"经典模式"相同。

（4）图形单位的设置。选择下拉式菜单"格式"，再选择"单位"，出现"图形单位"对话框，如图 1-36 所示。用户可根据中国制图标准或其他需要自行设置。此例要求长度单位精度保留 3 位有效数字，角度单位精度保留 1 位有效数字，因此，在"长度"下方"精度"设为"0.000"，在"角度"下方"精度"设为"0.0"。

（a）图形单位设置前　　　　　　　　　　　（b）图形单位设置后

图 1-36　图形单位设置

（5）图形界限最大化。选择下拉式菜单"视图"，再依次选择"缩放"→"全部"。

提示：在 AutoCAD 中进行命令输入时，通常有菜单栏命令输入、工具栏命令输入、命令行输入、命令行快捷键输入或使用组合键输入多种输入方式。其中，后三种操作方式都是通过键盘在命令行中进行的，所以在键入命令时必须敲击回车键或空格键才能完成。用户可以根据自己的习惯选择输入方式，或在不同情况下合理运用正确的输入方式，以提高绘图速度。

1.9　图层

图层是 AutoCAD 中最常用的工具之一，通常 CAD 图形在不同的图层上放置着不同的内容，通过图层功能可以有效地管理图形文件。图层可以被打开、关闭、修改，还可以实现颜色、线型、线宽及其他操作，相当于若干透明的图纸重叠在同一张图纸上。图层的线型和线宽应符合国家标准 GB/T 14665—2012。

层设置视频

【例 1-3】按照表 1-1 要求设置图层名称、颜色、线型、线宽。

表1-1　设置要求

图层名称	颜色	线型	线宽	说明
粗实线	白色	Continuous	0.5	将所绘制的对象放在不同的图层上，可提高绘图效率。图层的设置包括基本操作、图层的状态、颜色设置、线型设置、线宽设置、其他设置 AutoCAD 自动生成层名为 "0" 的图层
细实线	青色	Continuous	0.25	
中心线	红色	Center	0.25	
虚线	洋红色	Hidden	0.25	

操作步骤如下：

（1）打开图层特性管理器。在"草图与注释"工作空间中（之后若无特殊说明，都是指在"草图与注释"工作空间中），找到"图层"功能区，如图 1-37 所示，再单击"图层"功能区左上角的"图层特性"图标 ，将出现"图层特性管理器"对话框，如图 1-38 所示。

（2）新建图层。单击"图层特性管理器"对话框中第二行的"新建图层"按钮 ，建立新图层。有经验的用户往往会一次性建立多个图层，如表 1-1 中需要新建 4 个图层，则连续单击"新建图层"按钮 4 次即可，如图 1-39 所示。选中要修改的图层，被选中后会显示亮色，再逐步单击亮色的"名称""颜色""线型""线宽"等，按要求修改。

（3）设置图层名称。单击"图层特性管理器"对话框中要更改的图层，如选中"图层4"，使其整条高亮显示，再单击"图层 4"这几个字，当光标在"图层 4"右侧闪烁时，可以直接从键盘输入新图层名称，如"粗实线"，同理依次更改图层名称为"细实线""中心线""虚线"，如图 1-40 所示。

图 1-37　"图层"功能区

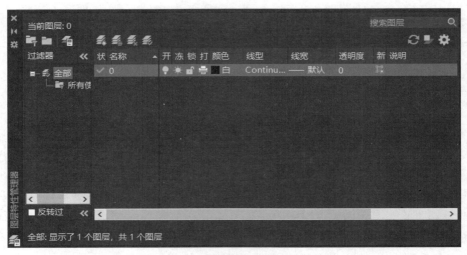

图 1-38 "图层特性管理器"对话框

图 1-39 新建图层

图 1-40 修改图层名称

（4）设置图层颜色。单击"图层特性管理器"对话框中要更改的图层，使其变成高亮显示，再单击代表颜色的所在区域，如单击"■白"，将出现"选择颜色"对话框，如图 1-41 所示。逐步更改例中要求的颜色，如图 1-42 所示。

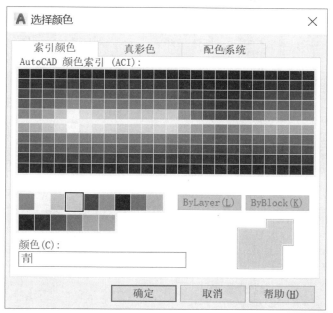

图 1-41　"选择颜色"对话框

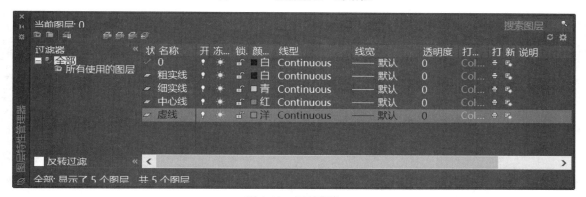

图 1-42　图层颜色

（5）设置图层线型。单击"图层特性管理器"对话框中要更改的图层，先单击某图层，使其高亮显示，再单击代表线型的所在区域，如单击图 1-39 中"Continuous"，将出现"选择线型"对话框，如图 1-43 所示。未设置过的图层线型默认只有一种 Continuous（连续型），因此中心线和虚线需要加载，单击"选择线型"对话框最底下一行的"加载"按钮，出现"加载或重载线型"对话框，如图 1-44 所示，通过拉动右侧滚动条，调出"CENTER"线型，单击"确定"按钮。此时，返回"选择线型"对话框，单击图层对应的线型，使其高亮显示，如图 1-45 所示，再单击"确定"按钮，退出线型设置。若有多种线型，则先不退出，而是重新单击"选择线型"对话框中的"加载"按钮，出现"加载或重载线型"对话框，通过拉动右侧滚动条，调出所需要的线型，如"HIDDEN"线型，单击"确定"按钮。重新返回"选择线型"对话框，单击图层对应的线型，使其高亮显示，再单击"确定"按钮，退出线型设置。最终设置如图 1-46 所示。

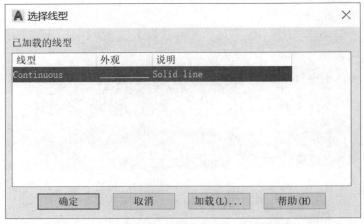

图 1-43 "选择线型"对话框图层线型选择

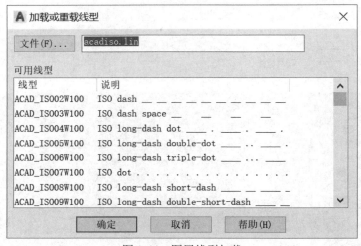

图 1-44 图层线型加载

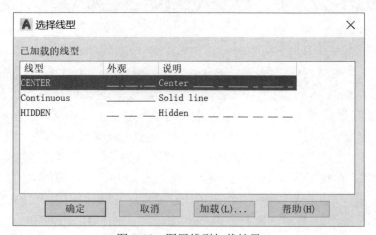

图 1-45 图层线型加载结果

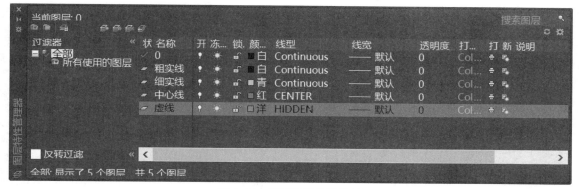

图 1-46　图层线型设置结果

（6）设置图层线宽。单击"图层特性管理器"对话框中要更改的图层，先单击某图层，使其高亮显示，再单击其线宽，如选中"粗实线"图层，单击"——默认"，出现"线宽"对话框，如图 1-47 所示，拉动右侧滚动条，选择 0.50mm，再单击"确定"按钮。其余图层同样操作，设置线宽为 0.25mm。

（7）图层名称、颜色、线型、线宽设置完成，最后结果如图 1-48 所示。

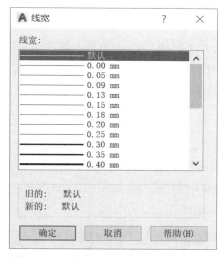

图 1-47　"线宽"对话框图层线宽选择

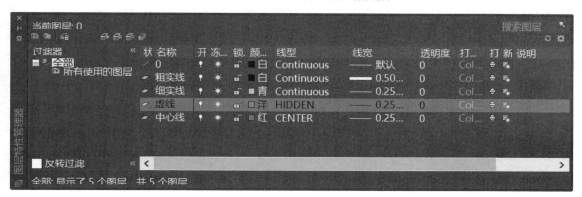

图 1-48　图层设置结果

1.10 文字

1.10.1 文字设置

根据国家制图标准 GB/T 14691—1993，机械图样上的汉字字体为长仿宋体，只使用直体，汉字的高度为 3.5、5、7、10、14、20mm 六种。数字和字母可以写成斜体或直体，在同一图样上，只允许选用一种型式的字体，数字和字母的高度有 1.8、2.5、3.5、5、7、10、14、20mm 八种。AutoCAD 绘制的机械图样中的文字是用"单行文字"和"多行文字"命令来书写的，一般来说，简短的

文字设置视频

文字用"单行文字"输入，复杂的文字用"多行文字"输入。根据国家标准对文字的书写要求，在输入文字前，要对文字的字体、大小（即字高）和宽高比进行设置，这就是创建文字样式，然后才能在相应的文字样式下书写文字。

【例 1-4】分别创建"汉字"和"数字和字母"两种文字样式，要求："汉字"文字样式的字体为"仿宋体"，宽度比例为 0.7，字高为 5；"数字和字母"文字样式的字体为"gbeitc.shx"，宽度比例为 1，字高为 3.5。

操作步骤如下：

1. 创建"汉字"文字样式

（1）打开"文字样式"管理器。在"草图与注释"界面中找到"注释"功能区，如图 1-49 所示，再单击"注释"功能区底部的"注释"，将出现"文字""标注""引线""表格"样式选项，选择最上面的"文字"样式，如图 1-50（a）所示。打开"文字样式"对话框，如图 1-50（b）所示。

（2）新建文字样式名称为"汉字"。单击对话框右侧的"新建"，在打开的对话框中输入文字样式名称"汉字"，单击"确定"按钮，如图 1-51 所示。

（3）设置文字样式"汉字"的字体。单击"字体名"的向下箭头，再拖曳滚动条，选择底部的中文字体中的"仿宋"，如图 1-52 所示。

图 1-49 "注释"功能区

（a）调用"文字"样式命令

图 1-50 文字样式设置

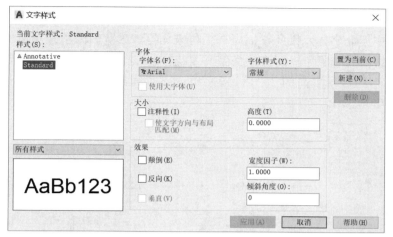

（b）"文字样式"对话框

图 1-50　文字样式设置（续）

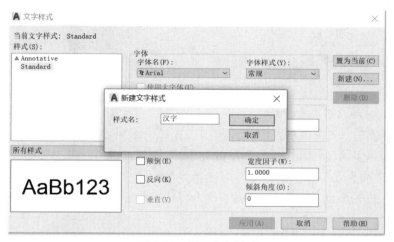

图 1-51　新建文字样式

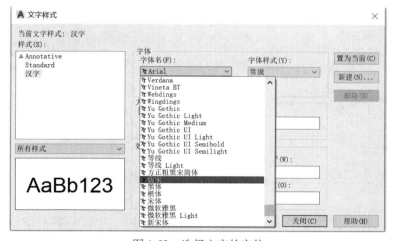

图 1-52　选择文字的字体

（4）设置文字样式"汉字"的宽度因子。在制图标准中规定汉字为长仿宋体，而 AutoCAD 软件中无此字体，因此，需先选中仿宋体再修改宽度因子来实现。具体步骤是在"文字样式"对话框的右下角找到"宽度因子"，输入 0.7（根据字体的国标要求，汉字的字宽一般为 $h/\sqrt{2}$，约等于字高的 0.7 倍，若空间实在太小，可取字宽为字高的 0.6 倍），如图 1-53 所示。

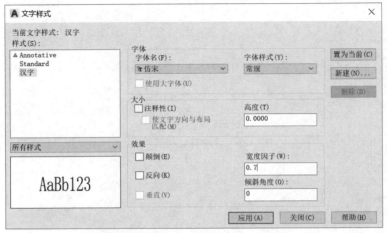

图 1-53　设置文字的宽度因子

2. 创建"数字和字母"文字样式

（1）创建步骤与"汉字"的文字样式相同，在此只详细列出不同之处。

（2）新建文字样式名称为"数字和字母"。

（3）设置文字样式"数字和字母"的字体。单击"字体名"的向下箭头，再拖曳滚动条，选择字体中的"gbeitc.shx"，宽度因子设为"1"，最后结果如图 1-54 所示。

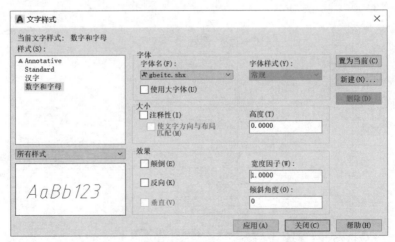

图 1-54　设置"数字和字母"的文字样式

（4）设置文字样式的字高。在"文字样式"对话框中，文字的高度一般不设置，保留默认值"0"，对于不同的文字一般在文字输入时设置，如"多行文字""单行文字"输入时再设置其高度。

1.10.2　编写文字

在应用 AutoCAD 编写文字时，文字书写有两种方式：多行文字和单行文字。多行文字可以同时输入很多行文字，默认为一个整体；而单行文字输入的文字只能是一行。从应用范围来说，多行文字应用更广泛。

1. 多行文字

操作步骤如下：

（1）单击"多行文字"命令图标 **A**。

（2）指定第一个角点：用光标指定一个点，此点作为多行文字书写范围的窗口的一个角点，一般该点在窗口的左上角。

（3）指定对角点或［高度（H）对正（J）行距（L）旋转（R）样式（S）宽度（W）栏（C）］：用光标指定一个点，此点作为多行文字书写范围的窗口的另一个角点，一般该点在窗口的右下角（用光标指定另一个角点后弹出多行文字参数设置窗口，如图 1-55 所示）。

（4）选择文字样式：选择图 1-55 最左侧的一列三角形中的一个，单击三角形，选择合适的文字样式，如"汉字"文字样式。

（5）设置图 1-55 中的文字高度。

（6）在绘图区多行文字的文本窗口中输入文字，如图 1-56 所示，可以输入很多行，按回车键可以换行。

（7）单击图 1-55 最右侧的绿色"√"，或光标单击文本窗口外的任意位置，结束命令。

图 1-55　多行文字参数设置窗口

图 1-56　文本窗口

2. 单行文字

操作步骤如下：

（1）单击"单行文字"命令图标 **A**。

（2）指定文字的起点或［对正（J）样式（S）］：用光标指定一个点，此点作为单行文字书写起点。

（3）指定高度：键盘输入高度↙*。

（4）指定文字的旋转角度：键盘输入角度↙。

＊　注：↙表示按回车键，下同。

（5）在绘图区光标闪烁处输入文字（↙也可以实现换行，不过每一行都是一个对象，几行就是几个对象，而不是像多行文字一样作为一个整体）。

（6）光标单击文本窗口外的任意位置，结束命令。

1.11　坐标系与坐标输入法

用绝对直角坐标
绘图视频

在用 AutoCAD 绘制图形时，点的精确定位主要包括点的精确输入和点的精确捕捉。其中，点的精确输入包括绝对坐标点的输入、相对坐标点的输入，而点的精确捕捉是通过直接距离输入法来实现的。

绝对坐标点的输入是以坐标系的原点（0，0）作为参考点定位的，它分为绝对直角坐标输入法和绝对极坐标输入法。

相对坐标点的输入是一种经常使用的定位点的方式，它不需要依赖任何辅助工具就能精确定位图形中各点的位置。此种坐标输入法表示的点都是相对于它的上一点而言的。相对坐标点的输入主要包括相对直角坐标输入法和相对极坐标输入法两种。

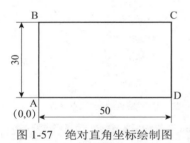

图 1-57　绝对直角坐标绘制图

【例 1-5】用绝对直角坐标绘制如图 1-57 所示矩形。

操作步骤如下：

（1）单击"直线"命令图标█或在命令行中输入英文命令"Line"，然后按回车键。

（2）指定第一点：0，0↙（说明：输入图形的左下角点 A 的绝对坐标，符号↙表示按回车键）。

（3）指定下一点或［放弃（U）］：0，30↙（说明：输入点 B 的绝对坐标）。

（4）指定下一点或［放弃（U）］：50，30↙（说明：输入点 C 的绝对坐标）。

（5）指定下一点或［闭合（C）放弃（U）］：50，0↙（说明：输入点 D 的绝对坐标）。

（6）指定下一点或［闭合（C）放弃（U）］：0，0↙（说明：输入点 A 的绝对坐标，完成矩形绘制）。

提示：在用绝对直角坐标绘图时，要求绘图辅助工具栏上的动态输入处于关闭状态。

用相对直角坐标
绘图视频

【例 1-6】用相对直角坐标绘制如图 1-57 所示矩形。

操作步骤如下：

（1）单击"直线"命令图标█或在命令行中输入英文命令"Line"，然后按回车键。

（2）指定第一点：0，0↙（说明：输入图形的左下角点 A 的绝对坐标，符号↙表示按回车键）。

（3）指定下一点或［放弃（U）］：@0，30↙（说明：输入点 B 对点 A 的相对坐标）。

（4）指定下一点或［放弃（U）］：@50，0↙（说明：输入点 C 对点 B 的相对坐标）。

（5）指定下一点或［闭合（C）放弃（U）］：@0，−30↙（说明：输入点 D 对点 C 的相对坐标）。

（6）指定下一点或［闭合（C）放弃（U）］：@-50，0↙（说明：输入点 A 对点 D 的相对坐标，完成矩形绘制）。

【例 1-7】用绝对极坐标或相对极坐标绘制如图 1-57 所示矩形。

操作步骤如下：

（1）单击"直线"命令图标 或在命令行中输入英文命令"Line"，然后按回车键。

用绝对极坐标和相对
极坐标绘图视频

（2）指定第一点：0，0↙（说明：输入图形的左下角点 A 的绝对坐标，符号↙表示按回车键）。

（3）指定下一点或［放弃（U）］：30<90↙（说明：输入点 B 的绝对极坐标）。

（4）指定下一点或［放弃（U）］：@50<0↙（说明：输入点 C 对点 B 的相对极坐标）。

（5）指定下一点或［闭合（C）放弃（U）］：@30<270↙或 50<0↙（说明：输入点 D 对点 C 的相对极坐标或点 D 的绝对极坐标）。

（6）指定下一点或［闭合（C）放弃（U）］：@50<180↙（说明：输入点 A 对点 D 的相对极坐标，完成矩形绘制）。

1.12　辅助绘图

在绘制图形时，可以使用上述的绝对坐标点和相对坐标点的输入来精确。

【例 1-8】用正交模式绘制如图 1-57 所示矩形。

操作步骤如下：

1. 开启"正交模式"

用正交模式
绘图视频

单击绘图辅助工具栏即状态栏上的"正交模式"按钮 ■，或按 F8 键，打开"正交模式"。按钮打开将显示亮色，反之关闭则显示灰色。

2. 绘制矩形

主要是依靠光标导向加上键盘输入长度值得到绘制的图线。

（1）单击"直线"命令图标 ■ 或在命令行中输入英文命令"Line"，然后按回车键。

（2）指定第一点：0，0↙。

（3）指定下一点或［放弃（U）］：30↙（说明：将光标向上移动，键盘上输入 30，画出线段 AB）。

（4）指定下一点或［放弃（U）］：50↙（说明：将光标向右移动，键盘上输入 50，画出线段 BC）。

（5）指定下一点或［闭合（C）放弃（U）］：30↙（说明：将光标向下移动，键盘上输入 30，画出线段 CD）。

（6）指定下一点或［闭合（C）放弃（U）］：50↙（说明：将光标向左移动，键盘上输入 50，画出线段 AD）。

【例 1-9】用栅格和捕捉绘制如图 1-57 所示矩形。

操作步骤如下：

用栅格和捕捉
绘图视频

1. 开启"栅格"和"捕捉"

单击状态栏上的"栅格" ⊞ 和"捕捉"按钮 ▦ ，打开"栅格"和"捕捉"功能。（"栅格"和"捕捉"中各选项均采用默认值，即"捕捉间距"和"栅格间距"的数值都为 10）。

2. 绘制矩形

（1）单击"直线"命令图标 ／ 或在命令行中输入英文命令"Line"，然后按回车键。

（2）指定第一点：0，0✓。

（3）指定下一点或［放弃（U）］：（说明：将光标向上移动，捕捉往上数第 3 个栅格点即 B 点处，单击，画出线段 AB）。

（4）指定下一点或［放弃（U）］：（说明：将光标向右移动，捕捉往右数第 5 个栅格点即 C 点处，单击，画出线段 BC）。

（5）指定下一点或［闭合（C）放弃（U）］：（说明：将光标向下移动，捕捉往下数第 3 个栅格点即 D 点处，单击，画出线段 CD）。

（6）指定下一点或［闭合（C）放弃（U）］：（说明：将光标向左移动，捕捉往左数第 5 个栅格点即 A 点处，单击，画出线段 AD，完成矩形绘制）。

用极轴追踪
绘图视频

【例 1-10】用极轴追踪绘制边长为 50 的等边三角形。

操作步骤如下：

1. 设置、启用"极轴追踪"

（1）单击状态栏上的"极轴追踪"按钮 ⟲ ，使其开启（亮色表示打开，灰色表示关闭）。

（2）设置追踪角度。将光标放在"极轴追踪"按钮 ⟲ 上单击右键，选中"30，60，90，120"，如图 1-58 所示；也可以选中"正在追踪设置"，打开"草图设置"对话框，选中"极轴追踪"选项卡，设置"增量角"为 30，如图 1-59 所示。

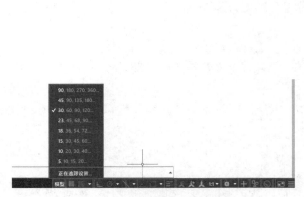

图 1-58　设置追踪角度为 30

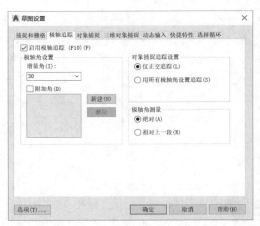

图 1-59　极轴追踪的设置

2. 绘制等边三角形

（1）单击"直线"命令图标 ／ 或在命令行中输入英文命令"Line"，然后按回车键。

（2）指定第一点：将光标停在绘图区任意位置，单击。

（3）指定下一点或［放弃（U）］：50↙（说明：将光标向右移动，键盘上输入 50，画出等边三角形的底边）。

（4）指定下一点或［闭合（C）放弃（U）］：50↙（说明：将光标向左上方移动，在追踪线出现的情况下键盘上输入 50，画出等边三角形的一条斜边）。

（5）指定下一点或［闭合（C）放弃（U）］：50↙（说明：将光标向左下方移动，在追踪线出现的情况下键盘上输入 50，画出等边三角形的另一条斜边），完成等边三角形的绘制，如图 1-60 所示。

图 1-60　等边三角形

【例 1-11】用对象捕捉方式绘制，在图 1-60 中画出底边上的高。

操作步骤如下：

1. 设置、启用"对象捕捉"

（1）单击屏幕下方状态栏中的"对象捕捉"按钮 ▦，使其高亮显示（灰色表示关闭），开启对象捕捉功能。

用对象捕捉
绘图视频

（2）设置"对象捕捉"选项卡。将光标放在"对象捕捉"按钮或状态栏中"栅格""栅格捕捉""极轴追踪""对象捕捉追踪"中任意一个按钮上单击右键，选中"设置"，打开"草图设置"对话框，选中"对象捕捉"选项卡，勾选"启用对象捕捉"和"启用对象捕捉追踪"复选项，设置对象捕捉模式为"端点、圆心、交点、垂足"（勾选这几项），如图 1-61 所示，单击"确定"按钮，退出设置（选择太多点捕捉模式会导致捕捉干涉，因此，一般情况下勾选"端点、圆心、交点"这三项，有特殊要求再勾选"中点、象限点、垂足"等项，并且在出现干涉时关闭其他所有项，只开启"中点、象限点、垂足"等项中的一项）。

图 1-61　对象捕捉的设置

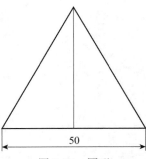

图 1-62 图形

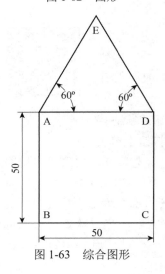

图 1-63 综合图形

2. 绘制底边上的高

（1）单击"直线"命令图标 ▤ 或在命令行中输入英文命令"Line"，然后按回车键。

（2）指定第一点：用光标捕捉图 1-60 中顶点位置，单击。

（3）指定下一点或［放弃（U）］：（说明：将光标向下移动，与底边相垂直，出现"垂足"符号 ▥ 时单击，即捕捉到垂足），按回车键，退出直线命令，此时图形如图 1-62 所示。

【例 1-12】用对象捕捉追踪、对象捕捉、极轴追踪等便捷方式快速绘制如图 1-63 所示的综合图形。

快速精确绘图
视频

操作步骤如下：

1. 设置、启用"对象捕捉追踪、对象捕捉、极轴追踪"

（1）单击屏幕下方状态栏中的"对象捕捉"按钮 ▦ 、"对象捕捉追踪"按钮 ▨ 、"极轴追踪"按钮 ◉ ，使其高亮显示（灰色表示关闭），开启对象捕捉、对象捕捉追踪、极轴追踪功能。

（2）设置相关选项卡。将光标放在"对象捕捉"按钮或状态栏中"栅格""栅格捕捉""极轴追踪""对象捕捉追踪"中任意一个按钮上单击右键，选择"设置"，打开"草图设置"对话框。选中"对象捕捉"选项卡，勾选"启用对象捕捉"和"启用对象捕捉追踪"复选项，设置对象捕捉模式为"端点、圆心、交点"（勾选这几项），单击"确定"按钮，退出设置。

在"草图设置"对话框中，选择"极轴追踪"选项卡，设置"增量角"为 30，如图 1-64 所示。

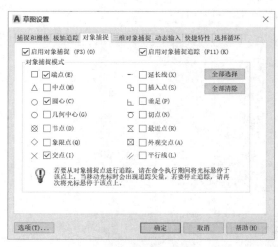

（a）对象捕捉设置　　　　（b）极轴追踪设置

图 1-64 便捷绘图的草图设置

2. 绘制图形

（1）单击"直线"命令图标 ◢ 或在命令行中输入英文命令"Line"，然后按回车键。

（2）指定第一点：将光标停在绘图区任意位置，单击。

（3）指定下一点或［放弃（U）］：50↙［说明：将光标向下移动，在追踪线（追踪线显示为虚线）出现的情况下键盘上输入 50，按回车键，画出线段 AB］。

（4）指定下一点或［闭合（C）放弃（U）］：50↙（说明：将光标向右移动，在追踪线出现的情况下键盘上输入 50，画出线段 BC）。

（5）指定下一点或［闭合（C）放弃（U）］：（说明：将光标向上移动，出现竖直追踪线，此时光标触碰最初点 A，在水平追踪线出现的情况下光标沿水平追踪线缓慢向右移动，当水平追踪线与竖直追踪线相交时单击，如图 1-65 所示，画出线段 CD）。

（6）指定下一点或［闭合（C）放弃（U）］：（说明：将光标向左移动，捕捉到最初点 A 时单击，画出线段 AD）。

（7）指定下一点或［闭合（C）放弃（U）］：50↙（说明：将光标向右上方移动，在追踪线出现并与水平夹角成 60 度的情况下键盘上输入 50，画出线段 AE）。

（8）指定下一点或［闭合（C）放弃（U）］：（说明：将光标靠近点 D，在端点捕捉符号出现的情况下单击，画出线段 ED，完成图 1-63 的绘制）。

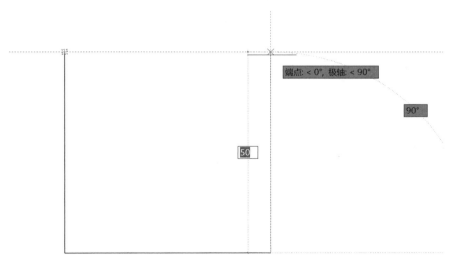

图 1-65　水平追踪线与竖直追踪线相交

上机练习

（1）根据常用线型设置常用图层，并增加"尺寸标注"层和"文字"层。

（2）新建文字样式："汉字"和"数字和字母"，并在绘图区用"汉字"样式写出姓名，用"数字和字母"样式写出学号。

第 2 章　二维绘图

二维绘图大部分命令位于工作界面的左上角，如图 2-1 所示。通过绘图命令可以在绘图功能区从无到有绘制各种形状、大小的图形。

图 2-1　绘图功能区

2.1　绘制直线

绘制直线视频

"直线"命令 ，可以通过光标导向和键盘输入长度绘制任意直线。绘制方式有绝对直角坐标、相对直角坐标、极坐标、辅助绘图等，具体操作可参考第 1 章中 1.7 节和 1.8 节，注意用绝对直角坐标绘图时需关闭状态栏的所有按钮，否则会自动变成相对直角坐标。

操作步骤如下：

（1）单击"直线"命令图标 或在命令行中输入英文命令"Line"，然后↙。

（2）指定第一点：（说明：输入直线的起点，可以用光标在绘图区任意位置单击，也可以在键盘上输入起点的坐标值，然后↙）（补充说明：用光标定位不用↙，而用键盘输入则输入结束时必须加↙）。

（3）指定下一点或［放弃（U）］：（说明：输入直线的第二个点，可以用光标定位，也可以利用键盘输入坐标值，然后↙；如果键盘输入"U"可以放弃这个点，回到上一步骤）。

（4）指定下一点或［放弃（U）］：（说明：输入下一点位置，用光标定位或键盘输入，与上一步相同，持续定位可以连续绘制多条直线；如果键盘输入"U"，则表示放弃这个点，回到上一步骤）。

（5）指定下一点或［闭合（C）放弃（U）］：（说明：输入下一点位置，用光标定位或键盘输入，与上一步相同，持续定位可以连续绘制多条直线；如果键盘输入"U"，则表示放弃这个点，回到上一步骤；如果键盘输入"C"，则默认这个点为最初的起点，即多条直线成闭合图形）。

（6）指定下一点或［闭合（C）放弃（U）］：（说明：可以继续按上述步骤绘图，如果绘图结束，则↙即可）。

【例 2-1】绘制如图 2-2 所示三角形。

操作步骤如下：

（1）单击"直线"命令图标 ■。

（2）用光标定位点 A。

（3）用光标定位点 B。

（4）用光标定位点 C。

图 2-2　三角形

2.2　绘制多段线

"多段线"命令图标是 ，通过"多段线"命令可以绘制变宽度的线段。

操作步骤如下：

（1）单击"多段线"命令图标 ■，或在命令行中输入英文命令"PLine"，然后↙。指定起点。

绘制多段线视频

（2）指定下一个点或［圆弧（A）半宽（H）长度（L）放弃（U）宽度（W）］：W↙（说明：W 是设定多段线宽度的命令）。

（3）指定起点宽度：（说明：0 表示不带宽度值的线段，相当于很细的线段）。

（4）指定端点宽度：（说明：1 表示宽度值为 1 的线段，如果起点和端点的宽度值不同，则绘制出来的线段宽度是不一致的）。

（5）指定下一个点或［圆弧（A）半宽（H）长度（L）放弃（U）宽度（W）］：（说明：回到输入下一点命令，此时可以用光标定位也可以用光标导向加键盘输入长度，此方法绘制的是直线段，并且线宽是刚刚设定的值；若想输入圆弧，则需输入 A↙，用"多段线"命令绘制的直线段和圆弧是一条光滑连接的线段，直线段与圆弧或圆弧与圆弧都是相切的）。

（6）指定下一个点或［圆弧（A）闭合（C）半宽（H）长度（L）放弃（U）宽度（W）］：（说明：已经有一段直线段或圆弧绘制后输入 C 可以回到起始点，使其闭合）。

【例 2-2】如图 2-3 所示绘制箭头，总长 8，箭头长 3，箭头宽 1。

操作步骤如下：

（1）单击"直线"命令图标 ■。

（2）用光标定位直线起点，点为最左端端点。

（3）用光标水平导向，键盘输入 8，↙。

（4）单击"多段线"命令图标 ■。

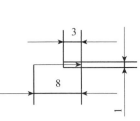

图 2-3　箭头

（5）用光标定位箭头的起点，点为最右侧端点。

（6）键盘输入"W"，↙。

（7）键盘输入起点宽度 0，↙。

（8）键盘输入端点宽度 1，↙。

（9）用光标水平向左导向，键盘输入 3，↙。

（10）↙结束命令。

【例 2-3】绘制如图 2-4 所示图形。

已知：图中 A 点的坐标为（30，175），A、B、C、D 四点在同一水平线上，线段 AB 线宽为 0，长度为 40，线段 BC 长度为 30，B 点线宽为 40，C 点线宽为 0，线段 CD 长度为 30，D 点线宽为 20，弧 DE 的宽度为 20，DE 直径为 55，线段 CD 在 D 点与弧 DE 相切。

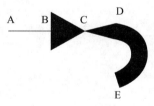

图 2-4　多段线

操作步骤如下：

（1）单击"多段线"命令图标 或在命令行中输入英文命令"PLine"，然后↙。

（2）指定起点：30，175↙（说明：输入起始点坐标）。

（3）指定下一个点或［圆弧（A）半宽（H）长度（L）放弃（U）宽度（W）］：40↙（说明：用光标向右导向，键盘输入 40 ↙，绘制出线段 AB）。

（4）指定下一个点或［圆弧（A）半宽（H）长度（L）放弃（U）宽度（W）］：W↙（说明：输入设定多段线宽度的命令）。

（5）指定起点宽度：40↙（说明：40 表示起始点的线宽为 40）。

（6）指定端点宽度：0↙（说明：0 表示终点的线宽为 0）。

（7）指定下一个点或［圆弧（A）半宽（H）长度（L）放弃（U）宽度（W）］：30↙（说明：回到输入下一点命令，此时可以用光标向右导向加键盘输入长度 30，绘制出线段 BC）。

（8）指定下一个点或［圆弧（A）闭合（C）半宽（H）长度（L）放弃（U）宽度（W）］：W↙（说明：设定新线段宽度命令）。

（9）指定起点宽度：0↙（说明：输入起始点的线宽为 0）。

（10）指定端点宽度：20↙（说明：输入终点的线宽为 20）。

（11）指定下一个点或［圆弧（A）闭合（C）半宽（H）长度（L）放弃（U）宽度（W）］：30↙（说明：回到输入下一点命令，此时可以用光标向右导向加键盘输入长度 30，绘制出线段 CD）。

（12）指定下一个点或［圆弧（A）闭合（C）半宽（H）长度（L）放弃（U）宽度（W）］：A↙（说明：输入设定圆弧的命令 A，之后才可以进行圆弧绘制）。

（13）PLINE［角度（A）圆心（CE）闭合（CL）方向（D）半宽（H）直线（L）半径（R）第二个点（S）放弃（U）宽度（W）］：55↙（说明：用光标向下导向加键盘输入圆弧直径 55↙，绘制出圆弧 DE）。

（14）PLINE［角度（A）圆心（CE）闭合（CL）方向（D）半宽（H）直线（L）半径（R）第二个点（S）放弃（U）宽度（W）］：↙（说明：结束多段线命令）。

2.3　绘制圆

绘制圆视频

"圆"命令图标是 ，通过"圆"命令可以绘制各种大小的圆。绘图方式有"圆心，半径""圆心，直径""两点""三点""相切，相切，半径""相切，相切，相切"六种，如图 2-5 所示，在绘图命令区找到"圆"命令图标 下方的黑色倒三角形，点开即可出现下拉菜单，显示各种画圆的方式。

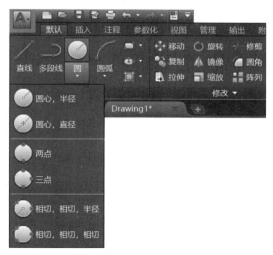

图 2-5　圆的绘图方式

2.3.1　以"圆心，半径"方式画圆

操作步骤如下：

（1）单击"圆"命令图标 ⊘，或在命令行中输入英文命令
"CIRCLE"，然后↙。

（2）指定圆的圆心或［三点（3P）两点（2P）相切、相切、半径
（T）］：（说明：使用光标定位，单击，确定圆心位置）。

（3）指定圆的半径或［直径（D）］：半径值，↙（说明：输入圆
的半径大小）。

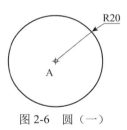

图 2-6　圆（一）

【例 2-4】绘制如图 2-6 所示圆。

（1）单击"圆"命令图标 ⊘，或在命令行中输入英文命令"CIRCLE"，然后↙。

（2）指定圆的圆心或［三点（3P）两点（2P）相切、相切、半径（T）］：用光标捕捉点 A。

（3）指定圆的半径或［直径（D）］：键盘输入 20，↙。

2.3.2　以"圆心，直径"方式画圆

操作步骤如下：

（1）单击"圆"命令图标 ⊘。

（2）指定圆的圆心或［三点（3P）两点（2P）相切、相切、半径（T）］：（说明：使用光
标定位，单击，确定圆心位置）。

（3）指定圆的半径或［直径（D）］：D↙（说明：设定画圆方式为直径）。

（以上两步也可以直接在绘图命令区找到"圆"命令图标下方的黑色倒三角形，点开下
拉菜单中的"圆心，直径"。）

（4）指定圆的直径：直径值，↙（说明：输入圆的直径大小）。

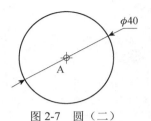

图 2-7　圆（二）

【例 2-5】绘制如图 2-7 所示圆。

操作步骤如下：

（1）单击"圆"命令图标 下方的倒置三角形，单击"圆心，直径"图标 。

（2）使用光标捕捉点 A。

（3）键盘输入 40，↙。

2.3.3　以圆上"两点"方式画圆

操作步骤如下：

（1）单击"圆"命令图标 ，或在命令行中输入英文命令"CIRCLE"，然后↙。

（2）指定圆的圆心或［三点（3P）两点（2P）相切、相切、半径（T）］：2P↙（设定两点方式画圆）。

（以上两步也可以直接在绘图命令区找到"圆"命令图标下方的黑色倒三角形，点开下拉菜单中的"两点"。）

（3）指定圆直径的第一个端点：（说明：使用光标定位）。

（4）指定圆直径的第二个端点：直径值，↙（说明：用光标导向加键盘输入圆的直径大小）。

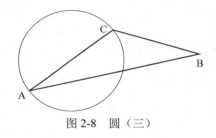

图 2-8　圆（三）

【例 2-6】绘制如图 2-8 所示圆，过三角形 AC 两个顶点画圆。

操作步骤如下：

（1）单击"圆"命令图标 下方的倒置三角形。

（2）单击"两点"图标 。

（3）用光标捕捉点 A。

（4）用光标捕捉点 C。

2.3.4　以圆上"三点"方式画圆

操作步骤如下：

（1）单击"圆"命令图标 ，或在命令行中输入英文命令"CIRCLE"，然后↙。

（2）指定圆的圆心或［三点（3P）两点（2P）相切、相切、半径（T）］：3P↙（设定三点方式画圆）。

（以上两步也可以直接在绘图命令区找到"圆"命令图标下方的黑色倒三角形，点开下拉菜单中的"三点"。）

（3）指定圆上的第一个点：（说明：使用光标定位，单击）。

（4）指定圆上的第二个点：（说明：使用光标定位，单击）。

（5）指定圆上的第三个点：（说明：使用光标定位，单击）。

【例 2-7】如图 2-9 所示，已知三角形 ABC，绘制过三角形 3 个顶点的圆。

操作步骤如下：

（1）单击"圆"命令图标 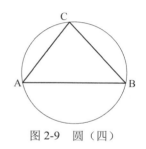 下方的倒置三角形。

（2）单击"三点"图标 。

（3）使用光标捕捉点 A。

（4）使用光标捕捉点 B。

（5）使用光标捕捉点 C。

图 2-9　圆（四）

2.3.5　以"相切，相切，半径"方式画圆

操作步骤如下：

（1）单击"圆"命令图标 ，或在命令行中输入英文命令"CIRCLE"，然后↙。

（2）指定圆的圆心或［三点（3P）两点（2P）相切、相切、半径（T）］：T↙（设定切点、切点、半径方式画圆）。

（以上两步也可以直接在绘图命令区找到"圆"命令图标下方的黑色倒三角形，点开下拉菜单中的"相切，相切，半径"。）

（3）指定对象与圆的第一个点：（说明：使用光标定位，单击，指定第一个相切的线段或圆弧）。

（4）指定对象与圆的第二个点：（说明：使用光标定位，单击，指定第二个相切的线段或圆弧）。

（5）指定圆的半径：（说明：输入半径值）。

【例 2-8】绘制如图 2-10 所示圆。

操作步骤如下：

（1）单击"圆"命令图标 下方的倒置三角形。

（2）单击"相切，相切，半径"图标 。

（3）使用光标捕捉线段 AC。

（4）使用光标捕捉线段 AB。

（5）键盘输入半径 10，↙。

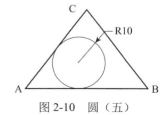

图 2-10　圆（五）

2.3.6　以"相切，相切，相切"方式画圆

操作步骤如下：

（1）在绘图命令区找到"圆"命令图标 下方的黑色倒三角形，点开下拉菜单中的"相切，相切，相切"。

（2）指定圆上的第一个点：（说明：使用光标定位，单击，指定第一个相切的线段或圆弧）。

（3）指定圆上的第二个点：（说明：使用光标定位，单击，指定第二个相切的线段或圆弧）。

（4）指定圆上的第三个点：（说明：使用光标定位，单击，指定第三个相切的线段或圆弧）。

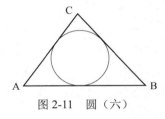
图 2-11　圆（六）

【例 2-9】绘制如图 2-11 所示圆。

操作步骤如下：

（1）单击"圆"命令图标 下方的倒置三角形。

（2）单击"相切，相切，相切"图标 。

（3）使用光标捕捉线段 AC。

（4）使用光标捕捉线段 AB。

（5）使用光标捕捉线段 BC。

2.4　绘制圆弧

绘制圆弧视频

　　"圆弧"命令图标是 ，通过"圆弧"命令可以绘制各种大小的圆弧。绘图方式有"三点""起点，圆心，端点""起点，圆心，角度""起点，圆心，长度""起点，端点，角度""起点，端点，方向""起点，端点，半径""圆心，起点，端点""圆心，起点，角度""圆心，起点，长度""连续"等十一种，如图 2-12 所示，在绘图命令区找到"圆弧"命令图标 下方的黑色倒三角形，点开即可出现下拉菜单，显示各种画圆弧的方式。

图 2-12　圆弧的绘制方式

2.4.1　以"三点"方式画圆弧

操作步骤如下：

（1）在"绘图"功能区找到"圆弧"命令图标 下方的黑色倒三角形，单击下拉菜单中的"三点" 。

（2）指定圆弧的起点或［圆心（C）］：（说明：使用光标定位，单击，指定圆弧的起点）。

（3）指定圆弧的第二个点：（说明：使用光标定位，单击，指定第二个点位置）。

（4）指定圆弧的端点：（说明：使用光标定位，单击，指定第三个点位置作为圆弧端点）。

【例 2-10】如图 2-13 所示，已知三角形 ABC，绘制圆弧 ACB。

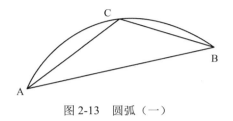

图 2-13 圆弧（一）

操作步骤如下：

（1）在"绘图"功能区找到"圆弧"命令图标 下方的黑色倒三角形，单击下拉菜单中的"三点" 。

（2）指定圆弧的起点或［圆心（C）］：捕捉点 A。

（3）指定圆弧的第二个点：捕捉点 C。

（4）指定圆弧的端点：捕捉点 B。

2.4.2 以"起点，圆心，端点"方式画圆弧

操作步骤如下：

（1）在"绘图"功能区找到"圆弧"命令图标 下方的黑色倒三角形，单击下拉菜单中的"起点、圆心、端点" 。

（2）指定圆弧的起点或［圆心（C）］：（说明：使用光标定位，单击，指定圆弧的起点）。

（3）指定圆弧的圆心：（说明：使用光标定位，单击，指定圆弧的圆心）。

（4）指定圆弧的端点：（说明：使用光标定位，单击，指定圆弧的端点）。

2.4.3 以"起点，圆心，角度"方式画圆弧

操作步骤如下：

（1）在"绘图"功能区找到"圆弧"命令图标 下方的黑色倒三角形，单击下拉菜单中的"起点、圆心、角度" 。

（2）指定圆弧的起点或［圆心（C）］：（说明：使用光标定位，单击，指定圆弧的起点）。

（3）指定圆弧的圆心：（说明：使用光标定位，单击，指定圆弧的圆心）。

（4）指定夹角：（说明：使用光标定位，单击，指定圆弧的角度，按 Ctrl 键可以改变夹角的方向）。

2.4.4 以"起点，圆心，长度"方式画圆弧

操作步骤如下：

（1）在"绘图"功能区找到"圆弧"命令图标 下方的黑色倒三角形，单击下拉菜单中的"起点、圆心、长度" 起点，圆心，长度 。

（2）指定圆弧的起点或［圆心（C）］：（说明：使用光标定位，单击，指定圆弧的起点）。

（3）指定圆弧的圆心：（说明：使用光标定位，单击，指定圆弧的圆心）。

（4）指定弦长：（说明：使用光标定位，单击，指定圆弧的弦长，按 Ctrl 键可以改变方向）。

2.4.5 以"起点，端点，角度"方式画圆弧

操作步骤如下：

（1）在"绘图"功能区找到"圆弧"命令图标 下方的黑色倒三角形，单击下拉菜单中的"起点、端点、角度" 起点，端点，角度 。

（2）指定圆弧的起点或［圆心（C）］：（说明：使用光标定位，单击，指定圆弧的起点）。

（3）指定圆弧的端点：（说明：使用光标定位，单击，指定圆弧的端点）。

（4）指定夹角：（说明：使用光标定位，单击，指定圆弧的角度，按 Ctrl 键可以改变方向）。

2.4.6 以"起点，端点，方向"方式画圆弧

操作步骤如下：

（1）在"绘图"功能区找到"圆弧"命令图标 下方的黑色倒三角形，单击下拉菜单中的"起点、端点、方向" 起点，端点，方向 。

（2）指定圆弧的起点或［圆心（C）］：（说明：使用光标定位，单击，指定圆弧的起点）。

（3）指定圆弧的端点：（说明：使用光标定位，单击，指定圆弧的端点）。

（4）指定圆弧起点的相切方向：（说明：使用光标定位，单击，指定圆弧的方向，按 Ctrl 键可以改变方向）。

2.4.7 以"起点，端点，半径"方式画圆弧

操作步骤如下：

（1）在"绘图"功能区找到"圆弧"命令图标 下方的黑色倒三角形，单击下拉菜单中的"起点、端点、半径" 起点，端点，半径 。

（2）指定圆弧的起点或［圆心（C）］：（说明：使用光标定位，单击，指定圆弧的起点）。

（3）指定圆弧的端点：（说明：使用光标定位，单击，指定圆弧的端点）。

（4）指定圆弧的半径：（说明：使用光标定位，单击，指定圆弧的半径，按 Ctrl 键可以改变方向）。

2.4.8　以"圆心，起点，端点"方式画圆弧

操作步骤如下：

（1）在"绘图"功能区找到"圆弧"命令图标 下方的黑色倒三角形，单击下拉菜单中的"圆心、起点、端点" 。

（2）指定圆弧的圆心：（说明：使用光标定位，单击，指定圆弧的圆心）。

（3）指定圆弧的起点：（说明：使用光标定位，单击，指定圆弧的起点）。

（4）指定圆弧的端点：（说明：使用光标定位，单击，指定圆弧的端点，按 Ctrl 键可以改变方向）。

2.4.9　以"圆心，起点，角度"方式画圆弧

操作步骤如下：

（1）在"绘图"功能区找到"圆弧"命令图标 下方的黑色倒三角形，单击下拉菜单中的"圆心、起点、角度" 。

（2）指定圆弧的圆心：（说明：使用光标定位，单击，指定圆弧的圆心）。

（3）指定圆弧的起点：（说明：使用光标定位，单击，指定圆弧的起点）。

（4）指定圆弧夹角：（说明：使用光标定位，单击，指定圆弧的角度，按 Ctrl 键可以改变方向）。

2.4.10　以"圆心，起点，长度"方式画圆弧

操作步骤如下：

（1）在"绘图"功能区找到"圆弧"命令图标 下方的黑色倒三角形，单击下拉菜单中的"圆心、起点、长度" 。

（2）指定圆弧的圆心：（说明：使用光标定位，单击，指定圆弧的圆心）。

（3）指定圆弧的起点：（说明：使用光标定位，单击，指定圆弧的起点）。

（4）指定弦长：（说明：使用光标定位，单击，指定圆弧的弦长，按 Ctrl 键可以改变方向）。

2.4.11　以"连续"方式画圆弧

操作步骤如下：

（1）在"绘图"功能区找到"圆弧"命令图标 下方的黑色倒三角形，单击下拉菜单中的"连续" 。

（2）指定圆弧的端点：（说明：使用光标定位，单击，指定圆弧的端点。圆弧以上一段圆弧或直线的端点为此圆弧的起点，新圆弧与上一段圆弧相切）。

绘制矩形视频

2.5 绘制矩形

"矩形"命令图标是 ▭，通过"矩形"命令可以绘制各种大小的矩形（即长方形）。单击"矩形"命令图标，命令行出现如图 2-14 所示的提示，按提示操作。

× ⚒ ▭ ▾ **RECTANG** 指定第一个角点或 [倒角(C) 标高(E) 圆角(F) 厚度(T) 宽度(W)]:

图 2-14 矩形命令提示（一）

操作步骤如下：

（1）单击"矩形"命令图标 ▭，在绘图区用光标指定第一个角点。

（2）在绘图区用光标指定另一个角点。

也可以在如图 2-14、图 2-15 所示的命令行中输入坐标值。

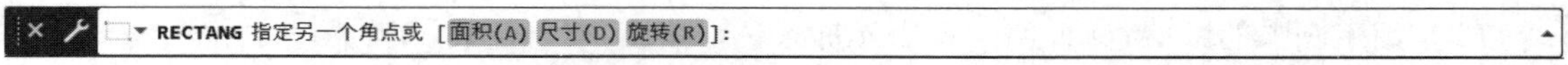

× ⚒ ▭ ▾ **RECTANG** 指定另一个角点或 [面积(A) 尺寸(D) 旋转(R)]:

图 2-15 矩形命令提示（二）

【例 2-11】绘制如图 2-16 所示长为 50，宽为 20 的矩形。

操作步骤如下：

（1）单击"矩形"命令图标 ▭。

（2）在绘图区用光标指定第一个角点（即矩形左下角的顶点）。

（3）键盘输入@50，30，↵。

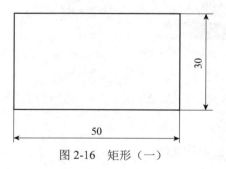

图 2-16 矩形（一）

2.5.1 绘制带圆角的矩形

操作步骤如下：

（1）单击"矩形"命令图标 ▭，键盘输入"F"，↵。

（2）键盘输入圆角半径，↵。

（3）在绘图区用光标指定第一个角点。

（4）在绘图区用光标指定另一个角点。

【例 2-12】绘制如图 2-17 所示矩形。

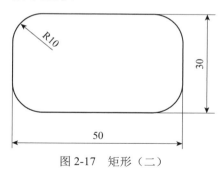

图 2-17 矩形（二）

操作步骤如下：

（1）单击"矩形"命令图标 ▦，键盘输入"F"，↙。

（2）键盘输入圆角半径 10，↙。

（3）在绘图区用光标指定第一个角点（即矩形左下角的顶点）。

（4）键盘输入@50，30，↙。

2.5.2 绘制带倒角的矩形

操作步骤如下：

（1）单击"矩形"命令图标 ▦，键盘输入"C"，↙。

（2）键盘输入第一个倒角距离，↙。

（3）键盘输入第二个倒角距离，↙。

（4）在绘图区用光标指定第一个角点。

（5）在绘图区用光标指定另一个角点。

【例 2-13】绘制如图 2-18 所示矩形。

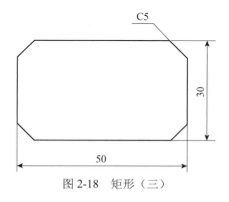

图 2-18 矩形（三）

操作步骤如下：

（1）单击"矩形"命令图标 ▦，键盘输入"C"，↙。

（2）键盘输入第一个倒角距离 5，↙。

（3）键盘输入第二个倒角距离 5，↙。

（4）在绘图区用光标指定第一个角点（即矩形左下角的顶点）。

（5）键盘输入@50，30，✓。

2.5.3 绘制带宽度的矩形

操作步骤如下：

（1）单击"矩形"命令图标 ▤，键盘输入"W"，✓。

（2）键盘输入矩形的线宽，✓。

（3）在绘图区用光标指定第一个角点。

（4）在绘图区用光标指定另一个角点。

【例 2-14】绘制如图 2-19 所示矩形。

操作步骤如下：

（1）单击"矩形"命令图标 ▤，键盘输入"W"，✓。

（2）键盘输入矩形的线宽 5，✓。

（3）在绘图区用光标指定第一个角点（即矩形左下角的顶点）。

（4）键盘输入@50，30，✓。

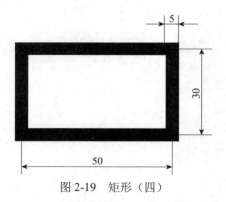

图 2-19　矩形（四）

2.5.4 设置矩形的厚度

操作步骤如下：

（1）单击"矩形"命令图标 ▤，键盘输入"T"，✓。

（2）键盘输入矩形的厚度，✓。

（3）在绘图区用光标指定第一个角点。

（4）在绘图区用光标指定另一个角点。

宽度与厚度的区别：宽度是矩形平面能看到的边框宽度；厚度是垂直于矩形平面方向的高度，需要切换成三维模式才能看清楚效果，0 宽度的矩形不能设置厚度。

【例 2-15】绘制如图 2-20 所示矩形。

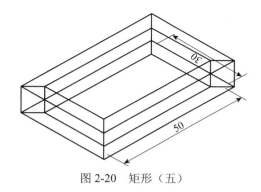

图 2-20 矩形（五）

操作步骤如下：

（1）单击"矩形"命令图标 ，键盘输入"W"，↙。

（2）键盘输入矩形线宽 5，↙。

（3）键盘输入"T"，↙。

（4）键盘输入矩形的厚度 10，↙。

（5）在绘图区用光标指定第一个角点。

（6）键盘输入@50，30，↙。

（7）切换到"三维建模"工作空间，选择"西南等轴测"方向查看效果。

2.5.5 绘制指定面积的矩形

操作步骤如下：

（1）单击"矩形"命令图标 ，在绘图区用光标指定第一个角点。

（2）键盘输入"A"，↙。

（3）键盘输入面积值，↙。

（4）选择矩形的长或宽，键盘输入所选线段的长度值，↙。

【例 2-16】 绘制如图 2-21 所示矩形，面积为 100 平方毫米，长度为 15。

操作步骤如下：

（1）单击"矩形"命令图标 ，在绘图区用光标指定第一个角点。

（2）键盘输入"A"，↙。

（3）键盘输入面积值 100，↙。

（4）选择矩形的长，键盘输入所选线段的长度值 15，↙。

图 2-21 矩形（六）

2.5.6 绘制指定长宽大小的矩形

操作步骤如下：

（1）单击"矩形"命令图标 ，在绘图区用光标指定第一个角点。

（2）键盘输入"D"，↙。

（3）键盘输入矩形的长度值（水平方向的线段长度），↙。

（4）键盘输入矩形的宽度值（竖直方向的线段长度），↙。

（5）用光标选定一个矩形所在方位（共 4 个方位供选择，单击即可确定方位）。

【例 2-17】用指定长和宽绘制如图 2-16 所示的矩形，长为 50，宽为 30。

操作步骤如下：

（1）单击"矩形"命令图标 ▣，在绘图区用光标指定第一个角点。

（2）键盘输入"D"，↙。

（3）键盘输入矩形的长度值 50，↙。

（4）键盘输入矩形的宽度值 30，↙。

（5）用光标选定一个矩形所在方位（共 4 个方位供选择，单击即可确定方位）。

2.5.7　绘制旋转的矩形

操作步骤如下：

（1）单击"矩形"命令图标 ▣，在绘图区用光标指定第一个角点。

（2）键盘输入"R"，↙。

（3）键盘输入旋转的角度，↙。

（4）在绘图区用光标指定另一个角点（或者用面积、指定长宽等方式绘制）。

【例 2-18】绘制如图 2-22 所示长为 50、宽为 30、旋转角为 30°的矩形。

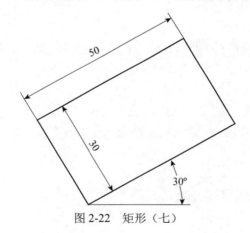

图 2-22　矩形（七）

操作步骤如下：

（1）单击"矩形"命令图标 ▣，在绘图区用光标指定第一个角点。

（2）键盘输入"R"，↙。

（3）键盘输入旋转的角度 30，↙。

（4）键盘输入尺寸代号"D"，↙。

（5）键盘输入矩形的长度 50，↙。

（6）键盘输入矩形的宽度 30，↙。

（7）用光标选定一个矩形所在方位（共 4 个方位供选择，单击即可确定方位）。

2.6　绘制正多边形

"正多边形"命令图标是 ，通过"正多边形"命令可以绘制各种大小的正多边形。根据已知条件的不同，可以有"中心到边的距离""中心到顶角的距离""边长"三种方式绘制正多边形。

绘制正多边形
视频

2.6.1　已知中心到边的距离，绘制正多边形

操作步骤如下：

（1）单击"正多边形"命令图标 ，键盘输入边的数量，↙。

（2）用光标指定正多边形的中心。

（3）键盘输入"C"（表示选择外切于圆的方式）。

（4）在绘图区用光标指定圆的半径（或者用键盘输入半径值）。

2.6.2　已知中心到顶角的距离，绘制正多边形

操作步骤如下：

（1）单击"正多边形"命令图标 ，键盘输入边的数量，↙。

（2）用光标指定正多边形的中心。

（3）键盘输入"I"（选择内接于圆的方式）。

（4）在绘图区用光标指定圆的半径（或者用键盘输入半径值）。

2.6.3　已知边长，绘制正多边形

操作步骤如下：

（1）单击"正多边形"命令图标 ，键盘输入边的数量，↙。

（2）键盘输入"E"（表示选择边长方式），↙。

（3）用光标或坐标指定边长的第一个端点。

（4）用光标或坐标指定边长的第二个端点。

【例 2-19】已知顶点距离绘制正多边形，如图 2-23（a）所示。

操作步骤如下：

（1）单击"正多边形"命令图标 ，键盘输入边的数量 6，↙。

（2）用光标指定正多边形的中心。

（3）键盘输入"I"（表示选择内接于圆的方式）。

（4）使用光标水平导向，键盘输入 10，↙。

【例 2-20】已知对边距离绘制正多边形，如图 2-23（b）所示。

操作步骤如下：

（1）单击"正多边形"命令图标 ，键盘输入边的数量 6，↙。

（2）用光标指定正多边形的中心。

（3）键盘输入"C"（表示选择外切于圆的方式）。

（4）使用光标垂直导向，键盘输入 10，↙。

【例 2-21】已知边长绘制正多边形，如图 2-23（c）所示。

操作步骤如下：

（1）单击"正多边形"命令图标 ，键盘输入边的数量 6，↙。

（2）键盘输入"E"（表示选择边长方式），↙。

（3）用光标指定边长的第一个端点。

（4）使用光标水平导向，键盘输入 12，↙。

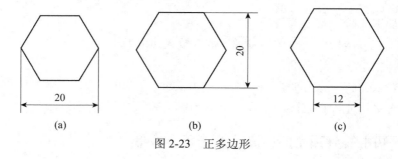

(a)　　　　　　　　(b)　　　　　　　　(c)

图 2-23　正多边形

2.7　绘制椭圆

"椭圆"命令图标是 ⬬，通过"椭圆"命令可以绘制各种大小的椭圆。绘图方式有"圆心""轴，端点""椭圆弧"三种，如图 2-24 所示，在绘图命令区找到"椭圆"命令图标 ⬬ 右侧的黑色倒三角形，点开即可出现下拉菜单，显示各种画椭圆的方式。

绘制椭圆视频

图 2-24　椭圆的绘制方式

2.7.1　以"圆心"方式绘制椭圆

操作步骤如下：

（1）单击"椭圆"命令图标 ⬬ 旁的倒三角形，找到"圆心"图标 ⬬圆心，单击。

（2）用光标指定椭圆的圆心，或键盘输入圆心的坐标并↙。

（3）用光标或坐标指定轴的端点。

（4）用光标或坐标指定另一条半轴长度。

2.7.2 以"轴，端点"方式绘制椭圆

操作步骤如下：

（1）单击"椭圆"命令图标 旁的倒三角形，找到"轴，端点"图标 ，单击。

（2）用光标或坐标指定椭圆的轴端点。

（3）用光标或坐标指定轴的另一个端点。

（4）用光标或坐标指定另一条半轴长度。

2.7.3 绘制椭圆弧

操作步骤如下：

（1）单击"椭圆"命令图标 旁的倒三角形，找到"椭圆弧"图标 ，单击。

（2）用光标或坐标指定椭圆弧的轴端点。

（3）用光标或坐标指定轴的另一个端点。

（4）用光标或坐标指定另一条半轴长度。

（5）键盘输入或光标指定椭圆弧的起点角度。

（6）键盘输入或光标指定椭圆弧的端点角度。

【例 2-22】绘制如图 2-25 所示椭圆。

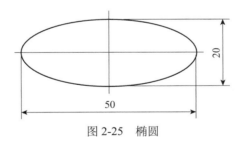

图 2-25　椭圆

1. 方法一：用"圆心"方式绘制椭圆

操作步骤如下：

（1）单击"椭圆"命令图标 旁的倒三角形，找到"圆心"图标 ，单击。

（2）用光标指定椭圆的圆心。

（3）使用光标水平导向，键盘输入长轴半径 25，↙。

（4）使用光标垂直导向，键盘输入短轴半径 10，↙。

2. 方法二：用"轴，端点"方式绘制椭圆

操作步骤如下：

（1）单击"椭圆"命令图标 旁的倒三角形，找到"轴，端点"图标 ，单击。

（2）用光标指定椭圆的第一个端点。

（3）使用光标水平导向，键盘输入长轴长度 50，↙。

（4）使用光标垂直导向，键盘输入短轴半径 10，↙。

2.8 绘制构造线

绘制构造线视频

“构造线”命令图标是，通过“构造线”命令可以绘制各种方向的无穷长直线。绘制构造线的方式有两点、水平线、垂直线、任意角度线、二等分线、偏移线等多种。找到绘图功能区，单击“绘图”右侧的倒置三角形，出现若干隐藏的命令图标，如图 2-26 所示。

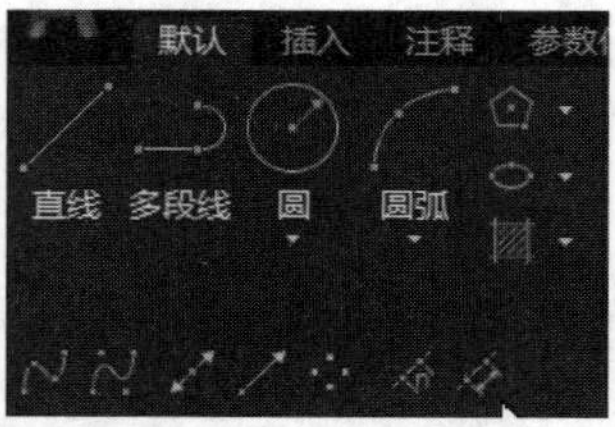
默认
插入
注释
直线
多段线
圆
圆弧

图 2-26 隐藏于绘图功能区的图标

按如图 2-27 所示的命令行提示操作即可。

XLINE 指定点或 [水平(H) 垂直(V) 角度(A) 二等分(B) 偏移(O)]:

图 2-27 构造线命令提示

2.8.1 “两点”绘制构造线

操作步骤如下：

（1）单击“构造线”命令图标。

（2）用光标指定构造线的一个点。

（3）用光标指定构造线的另一个点。

（4）用光标继续指定构造线的另一个点或↙结束命令。

2.8.2 绘制水平线

操作步骤如下：

（1）单击“构造线”命令图标。

（2）键盘输入“H”，↙。

（3）用光标指定水平线通过的一个点。

（4）用光标继续指定水平线的一个点（画第二条水平线）或↙结束命令。

2.8.3 绘制垂直线

操作步骤如下：

（1）单击“构造线”命令图标。

（2）键盘输入"V"，↙。

（3）用光标指定垂直线通过的一个点。

（4）用光标继续指定垂直线的一个点（画第二条垂直线）或↙结束命令。

2.8.4　绘制任意角度线

操作步骤如下：

（1）单击"构造线"命令图标 ↗。

（2）键盘输入"A"，↙。

（3）键盘输入构造线的倾斜角度，↙。

（4）用光标指定构造线通过的一个点。

（5）用光标继续指定构造线的一个点（画第二条构造线）或↙结束命令。

2.8.5　绘制二等分线（即角平分线）

操作步骤如下：

（1）单击"构造线"命令图标 ↗。

（2）键盘输入"B"，↙。

（3）用光标指定角的顶点。

（4）用光标指定角的起点。

（5）用光标指定角的端点。

2.8.6　绘制偏移线

操作步骤如下：

（1）单击"构造线"命令图标 ↗。

（2）键盘输入"O"，↙。

（3）键盘输入偏移距离，↙。

（4）选择被偏移的对象。

（5）用光标指定偏移方向。

（6）继续选择被偏移的对象，并指定偏移方向，或↙结束命令。

【例 2-23】绘制如图 2-28 所示三角形的 3 条角平分线。

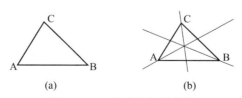

(a)　　　　　　(b)

图 2-28　三角形的角平分线

操作步骤如下：

（1）单击"构造线"命令图标 ↗。

（2）键盘输入"B"，↙。

（3）用光标指定角的顶点，捕捉点 A。

（4）用光标指定角的起点，捕捉点 B。

（5）用光标指定角的端点，捕捉点 C。

（6）↙结束命令。

（7）重复以上步骤，单击"构造线"命令图标 。

（8）键盘输入"B"，↙。

（9）用光标指定角的顶点，捕捉点 B。

（10）用光标指定角的起点，捕捉点 A。

（11）用光标指定角的端点，捕捉点 C。

（12）↙结束命令。

（13）重复以上步骤，单击"构造线"命令图标 。

（14）键盘输入"B"，↙。

（15）用光标指定角的顶点，捕捉点 C。

（16）用光标指定角的起点，捕捉点 A。

（17）用光标指定角的端点，捕捉点 B。

（18）↙结束命令。

2.9　绘制样条曲线

绘制样条曲线视频

样条曲线也就是波浪线，可以通过"样条曲线"命令实现绘制波浪线。绘制样条曲线的方式有"样条曲线拟合""样条曲线控制点"两种，如图 2-26 左下角图标所示，在绘图命令区找到底部"绘图"右侧的黑色倒三角形，点开即可出现一些隐藏图标。

2.9.1　样条曲线拟合

操作步骤如下：

（1）单击"样条曲线拟合"命令图标 。

（2）用光标指定各拟合点。

（3）↙结束命令。

2.9.2　样条曲线控制点

操作步骤如下：

（1）单击"样条曲线控制点"命令图标 。

（2）用光标指定各控制点。

（3）↙结束命令。

【例 2-24】如图 2-29 所示，以已知折线各顶点为基准点绘制样条曲线。

操作步骤如下：

（1）单击"样条曲线拟合"命令图标 。

（2）用光标指定各拟合点，依次捕捉如图 2-29（a）所示已知折线的各顶点。

（3）↙结束命令。

得到如图 2-29（b）所示曲线。

同理，绘制图 2-29（c）所示曲线的操作步骤为：

（1）单击"样条曲线控制点"命令图标 。

（2）用光标指定各控制点，依次捕捉如图 2-29（a）所示已知折线的各顶点。

（3）↙结束命令。

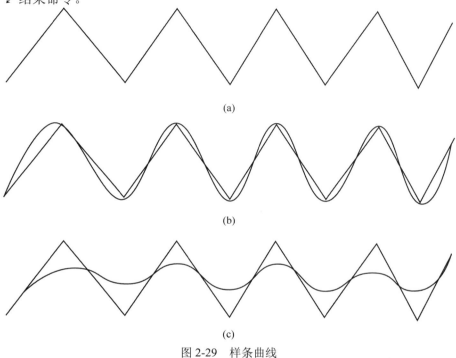

(a)

(b)

(c)

图 2-29　样条曲线

2.10　绘制点

绘制点的方式有多点、定数等分、定距等分三种，如图 2-26 所示，在绘图命令区找到底部"绘图"右侧的黑色倒三角形，点开即可出现一些隐藏图标，单击 图标，即可绘制不同要求的点。

绘制点视频

2.10.1　设置点的样式

普通点在绘图区显示不明显，需要对点样式进行设置。

操作步骤如下：

（1）找到菜单栏（如无菜单栏，则点开工作界面的左上角最右侧倒置三角形，找到"显示菜单栏"）。

（2）找到菜单栏中的"格式"，单击。

（3）找到"点样式"，单击。

（4）从图 2-30 所示的"点样式"对话框中选择合适的点的样式（如选择第 2 行第 3 个样式），单击"确定"退出对话框。

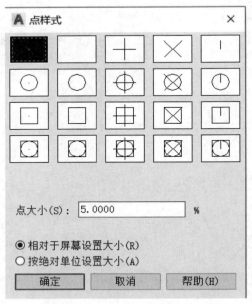

图 2-30　点的样式

2.10.2　绘制多点

操作步骤如下：

（1）单击"多点"命令图标 。

（2）用光标在绘图区指定点。

（3）按键盘左上角的 Esc 键结束命令。

2.10.3　绘制定数等分点

操作步骤如下：

（1）单击"定数等分"命令图标 。

（2）选择要定数等分的对象。

（3）键盘输入线段数目，↵结束命令。

【例 2-25】如图 2-31 所示，将 50 毫米的线段定数等分为 7 段。

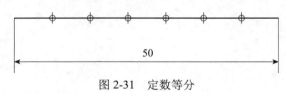

图 2-31　定数等分

操作步骤如下：

（1）找到菜单栏中的"格式—点"样式，设置样式为 ⊕。

（2）单击"定数等分"命令图标 。

（3）选中已知的直线段。

（4）键盘输入线段数目 7，↵。

2.10.4　绘制定距等分点

操作步骤如下：

（1）单击"定距等分"命令图标 。

（2）选择要定距等分的对象。

（3）键盘输入线段长度，↵结束命令。

【例 2-26】如图 2-32 所示，将 50 毫米的线段定距等分为每段 13 毫米。

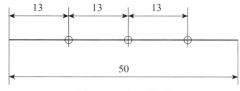

图 2-32　定距等分

操作步骤如下：

（1）找到菜单栏中的"格式—点"样式，设置样式为 ⊕。

（2）单击"定距等分"命令图标 。

（3）选中已知的直线段。

（4）键盘输入指定的每段线段长度 13，↵。

2.11　图案填充

"图案填充"命令图标是 ，通过"图案填充"命令可以绘制各种图案的填充。图案填充方式有"图案填充""渐变色""边界"三种，如图 2-33 所示，在绘图命令区找到"图案填充"命令图标 右侧的黑色倒三角形，点开即可出现下拉菜单，显示各种填充方式。

填充视频

2.11.1　图案填充

操作步骤如下：

（1）单击"图案填充"命令图标 。

（2）出现"图案填充创建"选项卡，如图 2-34 所示，设置图案。

设置步骤为：

①选择图案。

②设置角度。

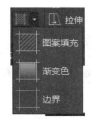

图 2-33　填充方式

③设置比例。

（3）拾取内部点（单击封闭图形的内部）。

（4）↙结束命令。

图 2-34　图案填充参数设置

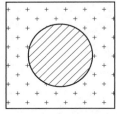

图 2-35　图案填充

【例 2-27】绘制如图 2-35 所示的图案填充。

操作步骤如下：

（1）单击"图案填充"命令图标 ▨。

（2）选择图案为 ▨。

（3）设置角度为"0"。

（4）设置比例为"1"。

（5）单击圆的内部任意点。

（6）↙结束命令。

（7）单击"图案填充"命令图标 ▨。

（8）选择图案为 ▦。

（9）设置角度为"0"。

（10）设置比例为"0.5"。

（11）单击圆外部正方形内部的任意点。

（12）↙结束命令。

2.11.2　渐变色

操作步骤如下：

（1）单击"渐变色"命令图标 ▨。

（2）出现"图案填充创建"选项卡，如图 2-36 所示，设置图案。

设置步骤为：

①选择渐变的第一种颜色。

②选择渐变的第二种颜色。

③设置填充透明度和角度。

（3）拾取内部点（单击封闭图形的内部）。

（4）↙结束命令。

图 2-36　渐变填充参数设置

【例 2-28】绘制如图 2-37 所示的图案填充。

操作步骤如下：

（1）单击"渐变色"命令图标 。

（2）选择颜色为蓝、黄。

（3）设置透明度为"0"。

（4）设置角度为"0"。

（5）单击圆的内部任意点。

（6）↙结束命令。

（7）单击"渐变色"命令图标 。

（8）选择颜色为蓝、红。

（9）设置透明度为"50"。

（10）设置角度为"90"。

（11）单击圆外部正方形内部的任意点。

（12）↙结束命令。

图 2-37　渐变填充

上机练习

（1）如图 2-38 所示图形，按图中给出的坐标绘制三角形，绘出该三角形的内切圆和外接圆。

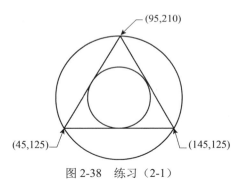

(95,210)

(45,125)　　　　　(145,125)

图 2-38　练习（2-1）

（2）如图 2-39 所示图形，按图中给出的圆心点的坐标和半径，分别绘制两个圆，再绘出该两圆的两条外公切线。

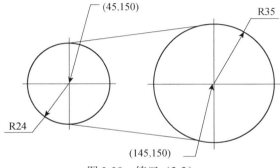

(45,150)　　　　　R35

R24

(145,150)

图 2-39　练习（2-2）

（3）如图 2-40 所示图形，已知点 A（50,180）、点 B（75,140）、点 D（164,140），直线 BC 分别是 AB 弧和 CD 弧的切线，AB 弧的中心角为 180°，BC 长为 50 个单位。

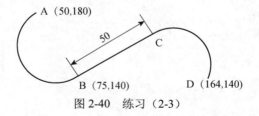

图 2-40　练习（2-3）

（4）如图 2-41 所示图形，以 O（130,145）点为圆心做一半径为 50 的圆，过点 A（30,145）分别做出切线 AB 和 AC，做一圆分别相切于 AB 和 AC，且半径为 20。

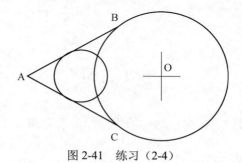

图 2-41　练习（2-4）

（5）如图 2-42 所示图形，过点 A（45,55）和点 B（130,195）做一条直线，过点 A 做直线 AC，已知直线 AB＝AC，∠BAC=45°，过点 B 和点 C 做一圆分别相切于直线 AB 和 AC。

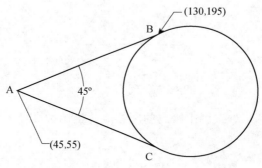

图 2-42　练习（2-5）

（6）如图 2-43 所示图形，过点 A（35,115）和点 B（165,210）做直线 AB，点 C 和点 D 将直线 AB 分成三等分；分别以 C，D 为圆心画图，使两圆相切于直线 AB 的中点。

（7）如图 2-44 所示图形，以点 C（95,145）做一半径为 50 的圆；做 5 个半径为 10 的小圆将半径为 50 的大圆分成五等分。

（8）如图 2-45 所示图形，过点 A（40,105），点 B（165,190）两点做一矩形；以矩形的中心点为中心，以矩形的两边长为长短轴做一椭圆。

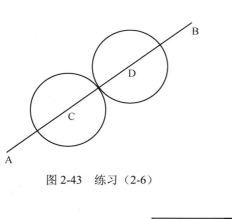

图 2-43　练习（2-6）

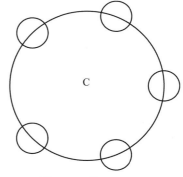

图 2-44　练习（2-7）

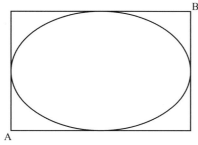

图 2-45　练习（2-8）

（9）如图 2-46 所示图形，以点（100,160）为圆心，做半径为 70 的圆；在该圆中做出 4 个呈环形均匀排列的小圆，小圆半径为 15，小圆圆心到大圆弧线的最短距离为 25。

（10）如图 2-47 所示图形，以点（90,160）为圆心，做一半径为 50 的内接三角形；分别以三角形三边的中点为圆心，三角形边长的一半为半径，做 3 个互相相交的圆。

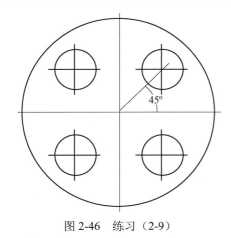

图 2-46　练习（2-9）

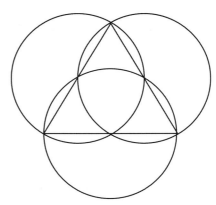

图 2-47　练习（2-10）

（11）如图 2-48 所示图形，以点（90,160）为圆心做一半径为 60 的圆；在圆周上均匀做出 8 个边长为 10 的正方形，且正方形的中心点落在圆周上。

（12）如图 2-49 所示图形，做一边长为 50 的正六边形；做出正六边形的内切圆和外接圆。

（13）如图 2-50 所示图形，以点（100,150）为中心，做一个内径为 20，外径为 40 的圆环；在该圆环的 4 个四分点上做 4 个相同大小的圆环，外边 4 个圆环均以一个四分点与内圆环上的四分点相重叠，排列如图 2-50 所示。

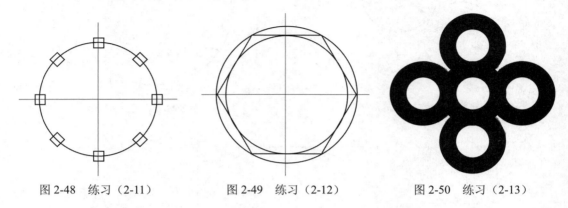

图 2-48　练习（2-11）　　　　图 2-49　练习（2-12）　　　　图 2-50　练习（2-13）

（14）如图 2-51 所示图形，过点（74,140）和点（135,190）做一矩形；以矩形的 4 个顶点为圆心做 4 个圆，使 4 个圆的圆弧在矩形的中心点相交。

（15）如图 5-52 所示图形，以点（100,150）为中心，做一边长为 40 的正方形；在该正方形的外边再做两个正方形，外边的正方形四边的中点是里边的正方形的 4 个顶点。

（16）如图 2-53 所示图形，以点（100,155）为圆心做一半径为 20 的圆，再做一半径为 60 的同心圆；以圆心为中心，做两个互相正交的椭圆，椭圆短轴为小圆直径，长轴为大圆直径。

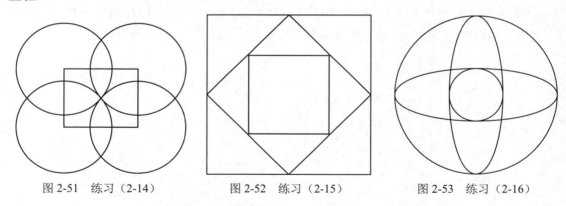

图 2-51　练习（2-14）　　　　图 2-52　练习（2-15）　　　　图 2-53　练习（2-16）

（17）如图 2-54 所示图形，过点 A（115,210），点 B（45,150），点 C（150,105）做三角形；做出三角形 3 个角的角平分线，查出三条角平分线交点的坐标，并用文本命令标在图中括号内。

（18）如图 2-55 所示图形，按样图画一边长为 80 的正方形，以正方形的中点为圆心，画该正方形的外接圆；完成一个外接于圆的正五边形，且正五边形的底边与正方形的底边平行。

（19）如图 2-56 所示图形，按样图画一长为 100、宽为 60 的矩形，以矩形的中点为中心，画一椭圆使椭圆与矩形的 4 条边的中点相交；以矩形的对角线长为直径，画矩形的外接圆。

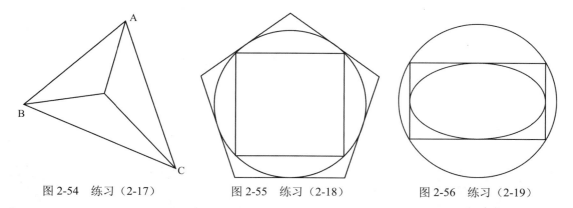

图 2-54　练习（2-17）　　　图 2-55　练习（2-18）　　　图 2-56　练习（2-19）

（20）如图 2-57 所示图形，水平底边线上标记为各等分点，点样式的大小取值为相对屏幕 4%。

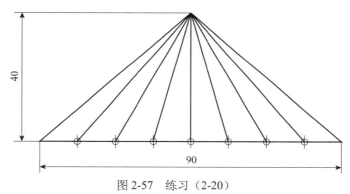

图 2-57　练习（2-20）

第3章 图形编辑

图形编辑位于修改功能区，位于工作界面的绘图功能区的左侧，如图 3-1 所示。通过图形编辑命令可以改变已有图形的数量、大小、形状、位置等。

图 3-1 修改功能区

3.1 移动

"移动"命令图标是 ，利用"移动"命令可以将已有的图形移动到任意位置。

操作步骤如下：

（1）单击"移动"命令图标 ✛。

（2）选择对象：↙（说明：选择被移动的图形或文字，然后↙）。

移动视频

（3）指定基点或 [位移（D）]：（说明：使用光标选择移动的基准点）。

（4）指定第二个点：（说明：单击需要移动的新位置）。

【例 3-1】如图 3-2 所示，将图 3-2（a）修改成图 3-2（b）。

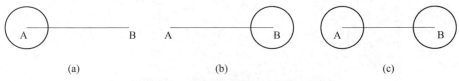

|(a)|(b)|(c)|

图 3-2 移动和复制命令的应用

操作步骤如下：

（1）单击"移动"命令图标 ✛。

（2）用光标单击图中的圆，↙。

（3）使用光标捕捉点 A。

（4）使用光标捕捉点 B。

3.2 复制

复制视频

"复制"命令图标是 ⬚，利用"复制"命令可以将已经绘制的图形复制到任意位置。

操作步骤如下：

（1）单击"复制"命令图标 。

（2）选择对象：↙（说明：选择被复制的图形或文字，然后↙）。

（3）指定基点或［位移（D）］：（说明：使用光标选择复制的基准点）。

（4）指定第二个点：（说明：单击需要复制的新位置）。

【例 3-2】如图 3-2 所示，将图 3-2（a）修改成图 3-2（c）。

操作步骤如下：

（1）单击"复制"命令图标 。

（2）用光标单击图中的圆，↙。

（3）使用光标捕捉点 A。

（4）使用光标捕捉点 B。

3.3　旋转

"旋转"命令图标是 ，利用"旋转"命令可以将已经绘制的图形在屏幕平面内转动任意角度。

旋转视频

操作步骤如下：

（1）单击"旋转"命令图标 。

（2）选择对象：↙（说明：选择被旋转的图形或文字，然后↙）。

（3）指定基点或［位移（D）］：（说明：使用光标选择旋转的基准点即转动的圆心）。

（4）指定旋转角度，或［复制（C）参照（R）］：（说明：键盘输入旋转角度或使用光标指定旋转位置，若选中"复制"则旋转后原图形保留位置不变，"参照"则可以旋转未知角度但有参考位置的图形）。

【例 3-3】如图 3-3 所示，将如图 3-3（a）所示的水平线段 AB 逆时针旋转 30°，使其变成如图 3-3（b）所示的斜线。

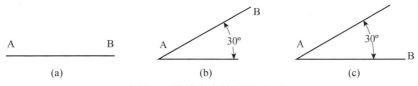

图 3-3　旋转命令的应用（一）

操作步骤如下：

（1）单击"旋转"命令图标 。

（2）用光标单击图中的线段 AB，↙。

（3）使用光标捕捉点 A。

（4）键盘输入逆时针旋转角度 30，↙（若是顺时针旋转则需在角度前面加负号）。

【例 3-4】如图 3-3 所示，将如图 3-3（a）所示的水平线段 AB 逆时针旋转 30°，使其变成如图 3-3（c）所示的斜线。

操作步骤如下：

（1）单击"旋转"命令图标 ↻ 。

（2）用光标单击图中的线段 AB，↙。

（3）使用光标捕捉点 A。

（4）键盘输入"C"，↙。

（5）键盘输入逆时针旋转角度 30，↙（若是顺时针旋转则需在角度前面加负号）。

【例 3-5】如图 3-4 所示，将如图 3-4（a）所示的水平线段 AB 逆时针旋转，使其变成图 3-4（b）中 AC 所在位置的斜线。

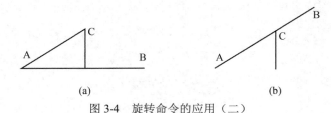

（a）　　　　　　　　　　　　（b）

图 3-4　旋转命令的应用（二）

操作步骤如下：

（1）单击"旋转"命令图标 ↻ 。

（2）用光标单击图中的线段 AB，↙。

（3）使用光标捕捉点 A。

（4）键盘输入"R"，↙。

（5）指定参照角：使用光标捕捉点 A，然后捕捉点 B。

（6）指定新角度：使用光标捕捉点 C。

3.4　偏移

偏移视频

"偏移"命令图标是 ⊏ ，利用"偏移"命令可以画已知线段或曲线的平行线。

操作步骤如下：

（1）单击"偏移"命令图标 ⊏ 。

（2）指定偏移距离或［通过（T）删除（E）图层（L）］：↙（说明：键盘输入平行线之间的距离，或先键盘输入 T，然后用光标指定通过点，或先键盘输入 E，然后设置偏移后是否删除源对象，或先键盘输入 L，将偏移后的线条按当前图层或源对象图层设置）。

（3）选择要偏移的对象或［退出（E）放弃（U）］：（说明：使用光标选择要偏移的直线或曲线）。

（4）指定要偏移的那一侧上的点，或［退出（E）多个（M）放弃（U）］：（说明：用光标指定偏移方向）。

【例 3-6】如图 3-5 所示，将图 3-5（a）编辑成图 3-5（b），平行距离为 5 毫米。

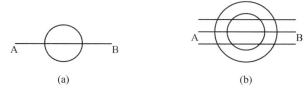

(a)　　　　　　　　　　　　　　(b)

图 3-5　偏移命令的应用

操作步骤如下：

（1）单击"偏移"命令图标 。

（2）键盘输入"5"，↙。

（3）用光标选中圆。

（4）用光标在圆外任意位置单击一点。

（5）用光标选中直线。

（6）用光标在直线上方任意位置单击一点。

（7）用光标选中直线。

（8）用光标在直线下方任意位置单击一点。

（9）↙结束命令。

3.5　修剪和延伸

利用"修剪"和"延伸"命令可以使线段剪断或延长。

3.5.1　修剪

"修剪"命令图标是 ，利用"修剪"命令可以使线段以某处为界剪断。

操作步骤如下：

（1）单击"修剪"命令图标 。

（2）[剪切边（T）窗交（C）模式（O）投影（P）删除（R）]：（说明：用光标选择被剪去的线段，或先键盘输入 T，然后选择修剪边界，再选择修剪线段）。

修剪视频

（3）↙结束命令。

【例 3-7】如图 3-6 所示，将图 3-6（a）修剪成图 3-6（b）。

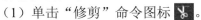

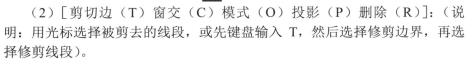

(a)　　　　　　　　　　　　　　(b)

图 3-6　修剪和延伸命令的应用

操作步骤如下：

（1）单击"修剪"命令图标 。

（2）用光标选中线段 2。

（3）用光标选中线段 12。

（4）↙结束命令。

3.5.2　延伸

"延伸"命令图标是 ，利用"延伸"命令可以使线段延长至某处。单击"修剪"命令图标右侧的倒置三角形，可以找到"延伸"命令图标。

操作步骤如下：

（1）单击"延伸"命令图标 ▣。

（2）［边界边（B）窗交（C）模式（O）投影（P）］：（说明：用光标选择被延长的线段，或先键盘输入 B，然后选择延伸边界，再选择延伸线段）。

（3）↙结束命令。

延伸视频

【例 3-8】如图 3-6 所示，将图 3-6（b）延伸成图 3-6（a）。

操作步骤如下：

（1）单击"延伸"命令图标 ▣。

（2）用光标选中线段 13 或 11。

（3）用光标选中线段 1 或 3。

（4）↙结束命令。

3.6　镜像

镜像视频

"镜像"命令图标是 ⛰，利用"镜像"命令可以画出与原图形镜像的新图形。

操作步骤如下：

（1）单击"镜像"命令图标 ⛰。

（2）选择对象：↙（说明：选择需要镜像的图形或线段）。

（3）指定镜像线的第一点：（说明：用光标指定镜像线上的一点）。

（4）指定镜像线的第二点：（说明：用光标指定镜像线上的另一点）。

（5）要删除源对象吗？［是（Y）否（N）］（说明：选择是或否）。

【例 3-9】利用镜像命令将图 3-7（a）编辑成图 3-7（b）。

操作步骤如下：

（1）单击"镜像"命令图标 ⛰。

（2）选中三角形，↙。

（3）用光标捕捉点 A。

（4）用光标捕捉点 B。

（5）键盘输入 N，↙。

(a)　　　　　　　　　　　　　　(b)

图 3-7　"镜像"命令的应用

3.7　缩放

"缩放"命令图标是 ![icon]，利用"缩放"命令可以使图形或线段缩小和放大，这里的缩小和放大是实际图形大小的变化，与视图缩放不同，视图缩放只是视觉效果放大缩小，原图形大小不变。

缩放视频

操作步骤如下：

（1）单击"缩放"命令图标 ![icon]。

（2）选择对象：↙（说明：选择需要缩放的图形或线段）。

（3）指定基点：（说明：用光标指定缩放的基准点）。

（4）指定比例因子或［复制（C）参照（R）］：↙（说明：键盘输入比例因子）。

【例 3-10】如图 3-8 所示，用"缩放"命令将图 3-8（a）编辑成图 3-8（b）。

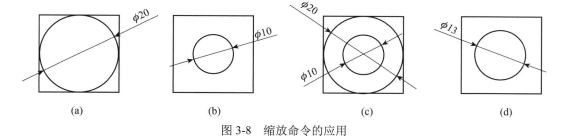

(a)　　　　　　　(b)　　　　　　　(c)　　　　　　　(d)

图 3-8　缩放命令的应用

操作步骤如下：

（1）单击"缩放"命令图标 ![icon]。

（2）选中圆，↙。

（3）用光标捕捉圆心。

（4）键盘输入"0.5"，↙。

【例 3-11】如图 3-8 所示，用"缩放"命令将图 3-8（a）编辑成图 3-8（c）。

操作步骤如下：

（1）单击"缩放"命令图标 ![icon]。

（2）选中圆，↙。

（3）用光标捕捉圆心。

（4）键盘输入"C"，↙。

（5）键盘输入"0.5"，↙。

【例3-12】如图3-8所示，用"缩放"命令将图3-8（a）编辑成图3-8（d）。

操作步骤如下：

（1）单击"缩放"命令图标 ▣。

（2）选中圆，↙。

（3）用光标捕捉圆心。

（4）键盘输入"R"，↙。

（5）指定参照长度：使用光标捕捉圆直径上的两个端点（单击两点，其长度作为原始长度）。

（6）指定新的长度：键盘输入13，↙（键盘输入缩放后新的长度）。

3.8　阵列

矩形阵列视频

利用"阵列"命令可以使一个图形变成若干个一模一样的图形，且按一定规律排列。

3.8.1　矩形阵列

"矩形阵列"命令图标是 ▦，利用"矩形阵列"命令可以使相同的图形按几行几列形状排列。

操作步骤如下：

（1）单击"矩形阵列"命令图标 ▦。

（2）选择对象：↙（说明：选择需要阵列的图形或线段）。

（3）选择夹点以编辑阵列或［关联（AS）基点（B）计数（COU）间距（S）列数（COL）行数（R）层数（L）退出（X）］：（说明：可将行列数量及间距等参数填入如图3-9所示对话框中，也可以通过光标点中夹点，通过拉伸夹点控制行间距和列间距）。

（4）↙（结束命令）。

图 3-9　矩形阵列的参数表

【例3-13】如图3-10所示，将图3-10（a）编辑成图3-10（b）。

操作步骤如下：

（1）单击"矩形阵列"命令图标 ▦。

（2）选中圆，↙。

（3）在对话框中输入参数：↙（说明：键盘输入行数4、列数4、行间距15、列间距20，如图3-11所示）。

（4）↙结束命令。

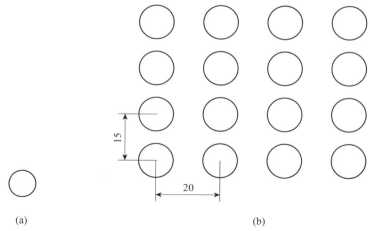

图 3-10　"矩形阵列"命令的应用

图 3-11　"矩形阵列"参数设置结果

3.8.2　环形阵列

"环形阵列"命令图标是 ，利用"环形阵列"命令可以使相同图形按圆形排列，单击"矩形阵列"命令图标右侧的倒置三角形，可以调出"环形阵列"命令图标。

环形阵列视频

操作步骤如下：

（1）单击"环形阵列"命令图标 。

（2）选择对象：↙（说明：选择需要阵列的图形或线段）。

（3）指定阵列的中心点或［基点（B）旋转轴（A）］：（说明：使用光标指定圆形排列的阵列圆心）。

（4）选择夹点以编辑阵列或［关联（AS）基点（B）项目（I）项目间角度（A）填充角度（F）行（ROW）层（L）旋转项目（ROT）退出（X）］：（说明：可将数量及间距等参数填入如图 3-12 所示对话框中，也可以通过光标点中夹点，通过拉伸夹点控制角度）。

（5）↙（结束命令）。

图 3-12　环形阵列的参数表

【例 3-14】如图 3-13 所示，将图 3-13（a）编辑成图 3-13（b）。

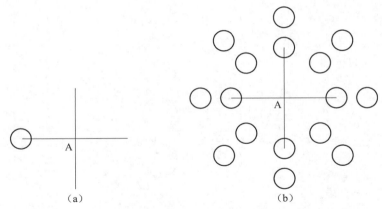

（a）   （b）

图 3-13　"环形阵列"命令的应用

操作步骤如下：

（1）单击"环形阵列"命令图标 ⬚。

（2）选中圆，↙。

（3）使用光标捕捉点 A。

（4）在对话框中输入参数：↙（键盘输入项目数 8、行数 2，如图 3-14 所示）。

（5）↙结束命令。

图 3-14　"环形阵列"参数设置结果

3.9　拉伸

拉伸视频

"拉伸"命令图标是 ⬚，利用"拉伸"命令可以使图形变形。

操作步骤如下：

（1）单击"拉伸"命令图标 ⬚。

（2）选择对象：↙（说明：选择需要变形的图形）。

（3）指定基点或［位移（D）］：（说明：使用光标指定基点）。

（4）指定第二个点：（说明：使用光标指定第二个点）。

【例 3-15】如图 3-15 所示，将图 3-15（a）编辑成图 3-15（b）。

操作步骤如下：

（1）单击"拉伸"命令图标 ⬚。

（2）选中矩形，↙（提示：矩形必须用"矩形"命令绘制而成，选中时必须用交叉选择模式，且只接触右下角的水平和竖直两条线）。

（3）使用光标选中右下角顶点。

（4）使用光标指定右下角顶点的新位置。

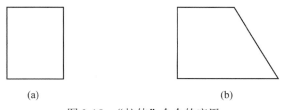

(a)　　　　　　　　　　　(b)

图 3-15　"拉伸"命令的应用

3.10　打断、打断于点、合并

3.10.1　打断

"打断"命令图标是 ，利用"打断"命令可以在两点之间打断选定的对象。点开"修改"右侧的倒置三角形，可以找到"打断"命令图标。

操作步骤如下：

（1）单击"打断"命令图标 。

（2）选择对象：（说明：选择需要打断的线段，单击位置为打断的第一个点）。

（3）指定第二个打断点：（说明：使用光标指定位置为打断的第二个点）。

打断视频

【例 3-16】如图 3-16 所示，将图 3-16（a）直线 AB 打断成图 3-16（b），断开点为点 A、点 B。

A　　　B　　　　　　　　　A　　　B

(a)　　　　　　　　　　　(b)

图 3-16　打断命令的应用

操作步骤如下：

（1）单击"打断"命令图标 。

（2）单击选中直线的点 A 位置。

（3）单击直线的点 B 位置。

3.10.2　打断于点

"打断于点"命令图标是 ，利用"打断于点"命令可以将一条线段打断成两段。点开"修改"右侧的倒置三角形，可以找到"打断于点"命令图标。

操作步骤如下：

（1）单击"打断于点"命令图标 。

（2）选择对象：（说明：选择需要打断的线段）。

打断于点视频

（3）指定打断点：（说明：使用光标指定位置为打断的分界点）。

【例 3-17】如图 3-17 所示，将图 3-17（a）水平直线打断成图 3-17（b），断开点位于水平线与垂直线相交的位置。

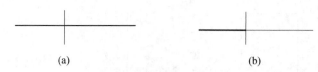

(a)   (b)

图 3-17   打断于点命令的应用

操作步骤如下：

（1）单击"打断于点"命令图标 。

（2）选中水平线段。

（3）使用光标捕捉水平线与垂直线相交的交点。

3.10.3   合并

"合并"命令图标是 ，利用"合并"命令可以将断开的两段或多段线段合并成一条线段，也可以将一段圆弧或椭圆弧合并成一个完整的圆或椭圆。点开"修改"右侧的倒置三角形，可以找到"合并"命令图标。

操作步骤如下：

（1）单击"合并"命令图标 。

合并视频

（2）选择源对象或要一次合并的多个对象：（说明：选择需要合并的第一条线段）。

（3）选择要合并的对象：↙（说明：选择其他要合并的线段）。

【例 3-18】如图 3-18 所示，将图 3-18（a）编辑成图 3-18（b）。

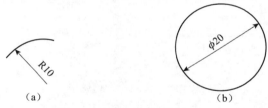

(a)   (b)

图 3-18   "合并"命令的应用

操作步骤如下：

（1）单击"合并"命令图标 。

（2）选择源对象或要一次合并的多个对象：选中圆弧。

（3）选择要合并的对象：↙（直接按回车键）。

（4）选择圆弧，以合并到源对象，或进行［闭合（L）］：键盘输入 L，↙。

3.11   倒角、圆角

3.11.1   倒角

"倒角"命令图标是 ，利用"倒角"命令可以将直角变成斜角，也就是机械加工中的倒角工艺结构绘制命令。"倒角""圆角""光顺曲线"命令都集中在一个图标位置，需点开右侧倒置三角形进行选择才能调换每个命令图标，如图 3-19 所示。

倒角视频

操作步骤如下：

（1）单击"倒角"命令图标 。

（2）选择第一条直线或［放弃（U）多段线（P）距离（D）角度（A）修剪（T）方式（E）多个（M）］：↙［说明：键盘输入要设置的内容代号，如距离（D）］。

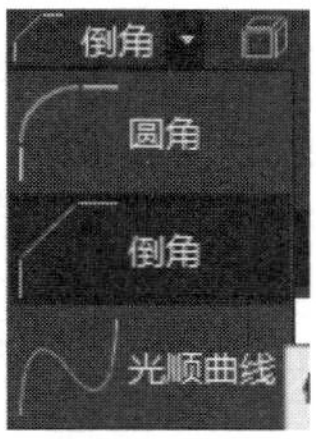

（3）指定第一个倒角距离：键盘输入设置值，↙。

（4）指定第二个倒角距离：键盘输入设置值，↙。

图 3-19 倒角的方式

（5）选择第一条直线或［放弃（U）多段线（P）距离（D）角度（A）修剪（T）方式（E）多个（M）］：↙（说明：如果设置完毕则选择第一条直线，反之继续重复（2）（3）步骤，设置更多参数）。

（6）选择第二条直线，或按住 Shift 键选择直线以应用角点或［距离（D）角度（A）方法（M）］：（说明：使用光标选择第二条需要倒角的直线）。

【例 3-19】如图 3-20 所示，将图 3-20（a）中直线 AB 与直线 AC 的夹角变成 45°倒角，倒角距离为 5，如图 3-20（b）所示。

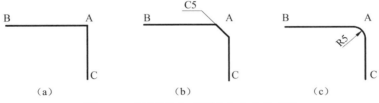

（a）　　　　　　　　（b）　　　　　　　　（c）

图 3-20 "倒角"和"圆角"命令的应用

操作步骤如下：

（1）单击"倒角"命令图标 。

（2）选择第一条直线或［放弃（U）多段线（P）距离（D）角度（A）修剪（T）方式（E）多个（M）］：键盘输入"D"，↙。

（3）键盘输入第一个倒角距离：5，↙。

（4）键盘输入第二个倒角距离：5，↙。

（5）选择第一条直线或［放弃（U）多段线（P）距离（D）角度（A）修剪（T）方式（E）多个（M）］：使用光标选中线段 AB。

（6）选择第二条直线，或按住 Shift 键选择直线以应用角点或［距离（D）角度（A）方法（M）］：使用光标选中线段 AC。

补充说明：如果多个倒角数值相同则可以选择多个（M）；如果需要设置倒角后保留原直线或删除原直线则可以选择修剪（T）进行设置。

3.11.2 圆角

"圆角"命令图标是 ，利用"圆角"命令可以将直角变成圆角，也就是机械加工中的圆角工艺结构绘制命令。"圆角"命令还可以用于直线与圆弧、直线与直线、圆弧与圆弧之间的圆角，相当于机械制图中圆弧过渡的画法。

圆角视频

操作步骤如下：

（1）单击"倒角"命令图标 ■。

（2）选择第一个对象或［放弃（U）多段线（P）半径（R）修剪（T）方式（E）多个（M）］：✓（说明：键盘输入要设置的内容代号）。

（3）指定圆角半径：（说明：键盘输入设置值）。

（4）选择第一个对象或［放弃（U）多段线（P）半径（R）修剪（T）方式（E）多个（M）］：✓（说明：如果设置完毕则选择第一条直线或圆弧，反之继续重复（2）（3）步骤，设置更多参数）。

（5）选择第二个对象，或按住 Shift 键选择直线以应用角点或［半径（R）］：（说明：使用光标选择第二条需要圆角的直线或圆弧）。

补充说明：如果多个倒角数值相同则可以选择多个（M）；如果需要设置倒角后保留原直线或删除原直线则可以选择修剪（T）进行设置。

【例 3-20】如图 3-20 所示，将图 3-20（a）中直线 AB 与直线 AC 的夹角变成圆角，圆角半径为 5，如图 3-20（c）所示。

操作步骤如下：

（1）单击"圆角"命令图标 ■。

（2）选择第一个对象或［放弃（U）多段线（P）半径（R）修剪（T）方式（E）多个（M）］：R，✓。

（3）指定圆角半径：键盘输入 5，✓。

（4）选择第一个对象或［放弃（U）多段线（P）半径（R）修剪（T）方式（E）多个（M）］：选择直线 AB。

（5）选择第二个对象，或按住 Shift 键选择直线以应用角点或［半径（R）］：选择直线 AC。

3.12 分解

分解视频

"分解"命令图标是 ■，利用"分解"命令可以将一个对象变成多个对象，如将"矩形"命令绘制的一个矩形分解成 4 条直线段。"分解"命令还可以分解正多边形、多段线、三维实体等。

操作步骤如下：

（1）单击"分解"命令图标 ■。

（2）选择对象：选择需要分解的图形。

（3）✓结束命令。

3.13 删除

"删除"命令图标是 ■，利用"删除"命令可以将一个对象或多个对象删除，既可以将图形删除，也可以将文字删除。绘图过程中离不开"删除"命令。"删除"命令与键盘上的 Delete 键作用相同。

操作步骤如下：

（1）单击"删除"命令图标 。

（2）选择对象：选择需要删除的图形或文字。

（3）↙结束命令。

删除视频

上机练习

（1）绘制一把直尺（长 10 厘米，宽 2 厘米），毫米刻度线长 3，厘米刻度线长 6。[解题思路：可先画图 3-21（a），再将其编辑成图 3-21（b）]。

(a)

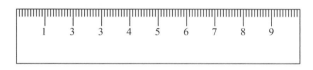

(b)

图 3-21　练习（3-1）

（2）将图 3-22（a）通过阵列变成图 3-22（b）和图 3-22（c）。

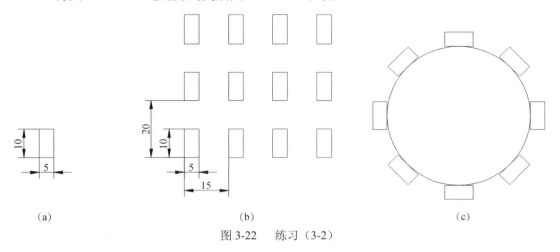

(a)　　　　　　　　　　　(b)　　　　　　　　　　　(c)

图 3-22　练习（3-2）

（3）绘制图形，如图 3-23 所示，一边长为 100 的等边三角形，其内有 10 个大小相等的圆；图中相邻的直线与圆之间，以及圆与圆之间均为相切关系。

（4）绘制图形，如图 3-24 所示，两个同心圆之间有 7 个直径为 20 的圆；7 个直径为 20

的圆彼此相切，且均与两同心圆相切。

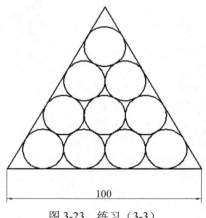

图 3-23　练习（3-3）

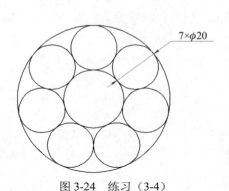

7×φ20

图 3-24　练习（3-4）

（5）绘制图形，如图 3-25 所示，一长边长为 100 的矩形，其内有 5 个大小相等的圆；图中相邻的直线与圆之间，以及圆与圆之间均为相切关系。

（6）绘制图形，如图 3-26 所示，图中三角形为等边三角形，各圆弧半径与三角形的外接圆半径相同。

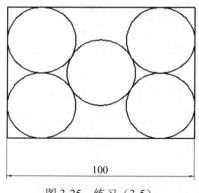

100

图 3-25　练习（3-5）

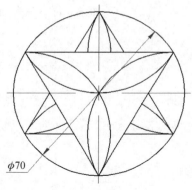

φ70

图 3-26　练习（3-6）

（7）绘制图形，如图 3-27 所示，已知图中半径较大的圆弧与小圆、大圆及半径较小的圆弧均相切，且半径较小的圆弧与小圆等径。

（8）绘制图形，如图 3-28 所示，已知组成一组花型的各圆弧为相切关系。

（9）绘制图形，如图 3-29 所示，已知等距线间距为图中最小圆弧的半径值，图中直线均为水平线或铅垂线。

（10）绘制图形，如图 3-30 所示，已知图中的 6 个正五边形大小相等，三角形为小圆的内接正三角形，正方形外切于大圆。

（11）按图形尺寸精确绘图（尺寸标注、文字注释不画），如图 3-31 所示，绘图方法、图形编辑方法不限，线型、线宽要符合机械制图标准，即粗实线线宽为 0.5，其余线宽为 0.25，虚线用 HIDDEN，点画线用 CENTER。

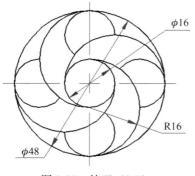

图 3-27 练习（3-7）

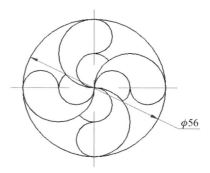

图 3-28 练习（3-8）

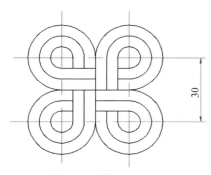

图 3-29 练习（3-9）

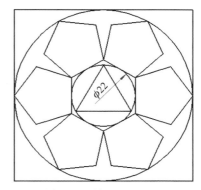

图 3-30 练习（3-10）

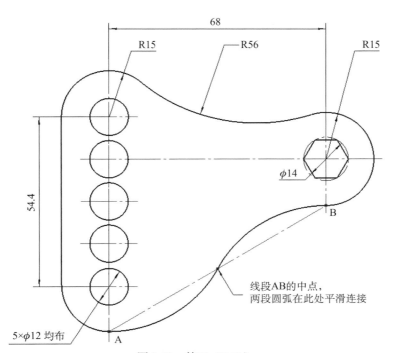

图 3-31 练习（3-11）

（12）按图形尺寸精确绘图（尺寸标注、文字注释不画），如图 3-32 所示，绘图方法、图形编辑方法不限，线型、线宽要符合机械制图标准，即粗实线线宽为 0.5，其余线宽为 0.25，虚线用 HIDDEN，点画线用 CENTER。

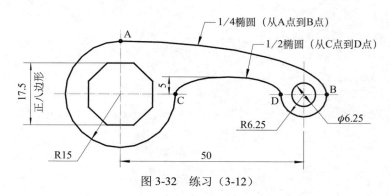

图 3-32　练习（3-12）

（13）按图形尺寸精确绘图（尺寸标注、文字注释不画），如图 3-33 所示，绘图方法、图形编辑方法不限，线型、线宽要符合机械制图标准，即粗实线线宽为 0.5，其余线宽为 0.25，虚线用 HIDDEN，点画线用 CENTER。

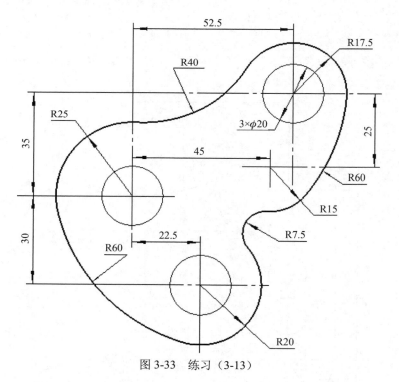

图 3-33　练习（3-13）

（14）按图形尺寸精确绘图（尺寸标注、文字注释不画），如图 3-34 所示，绘图方法、图形编辑方法不限，线型、线宽要符合机械制图标准，即粗实线线宽为 0.5，其余线宽为 0.25，虚线用 HIDDEN，点画线用 CENTER。

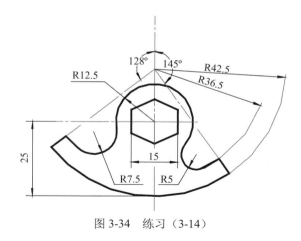

图 3-34 练习（3-14）

（15）按图形尺寸精确绘图（尺寸标注、文字注释不画），如图 3-35 所示，绘图方法、图形编辑方法不限，线型、线宽要符合机械制图标准，即粗实线线宽为 0.5，其余线宽为 0.25，虚线用 HIDDEN，点画线用 CENTER。

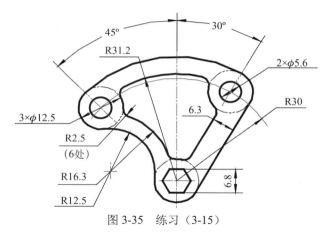

图 3-35 练习（3-15）

（16）按图形尺寸精确绘图（尺寸标注、文字注释不画），如图 3-36 所示，绘图方法、图形编辑方法不限，线型、线宽要符合机械制图标准，即粗实线线宽为 0.5，其余线宽为 0.25，虚线用 HIDDEN，点画线用 CENTER。

（17）按图形尺寸精确绘图（尺寸标注、文字注释不画），如图 3-37 所示，绘图方法、图形编辑方法不限，线型、线宽要符合机械制图标准，即粗实线线宽为 0.5，其余线宽为 0.25，虚线用 HIDDEN，点画线用 CENTER。

（18）按图形尺寸精确绘图（尺寸标注、文字注释不画），如图 3-38 所示，绘图方法、图形编辑方法不限，线型、线宽要符合机械制图标准，即粗实线线宽为 0.5，其余线宽为 0.25，虚线用 HIDDEN，点画线用 CENTER。

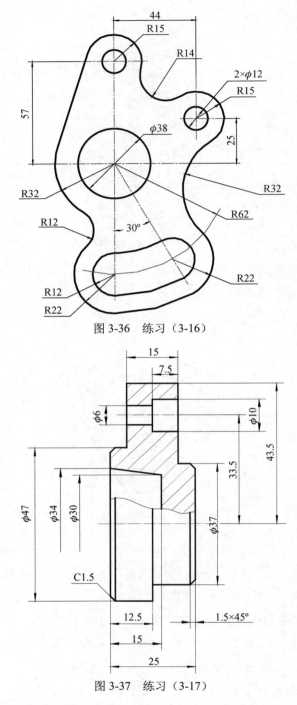

图 3-36 练习（3-16）

图 3-37 练习（3-17）

（19）按图形尺寸精确绘图（尺寸标注、文字注释不画），如图 3-39 所示，绘图方法、图形编辑方法不限，线型、线宽要符合机械制图标准，即粗实线线宽为 0.5，其余线宽为 0.25，虚线用 HIDDEN，点画线用 CENTER。

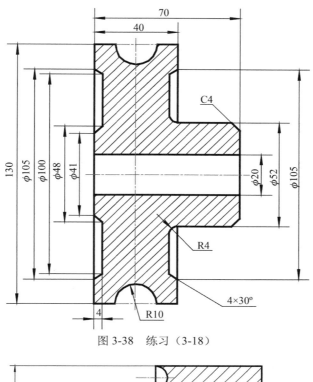

图 3-38 练习（3-18）

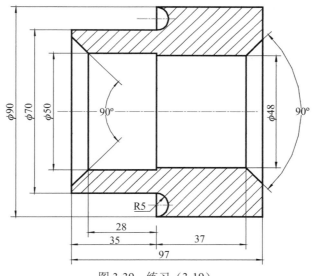

图 3-39 练习（3-19）

（20）按图形尺寸精确绘图（尺寸标注、文字注释不画），如图 3-40 所示，绘图方法、图形编辑方法不限，线型、线宽要符合机械制图标准，即粗实线线宽为 0.5，其余线宽为 0.25，虚线用 HIDDEN，点画线用 CENTER。

（21）按图形尺寸精确绘图（尺寸标注、文字注释不画），如图 3-41 所示，绘图方法、图形编辑方法不限，线型、线宽要符合机械制图标准，即粗实线线宽为 0.5，其余线宽为 0.25，虚线用 HIDDEN，点画线用 CENTER。

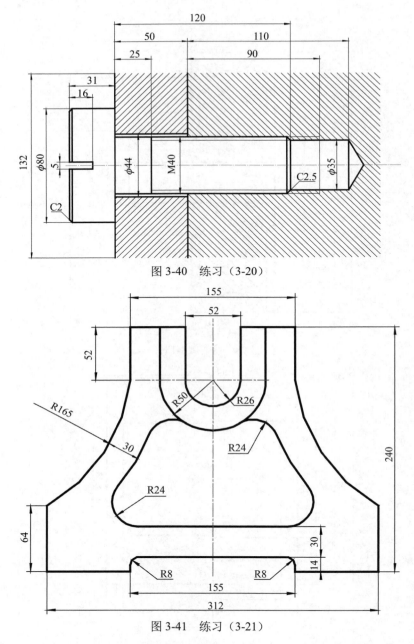

图 3-40　练习（3-20）

图 3-41　练习（3-21）

（22）按图形尺寸精确绘图（尺寸标注、文字注释不画），如图 3-42 所示，绘图方法、图形编辑方法不限，线型、线宽要符合机械制图标准，即粗实线线宽为 0.5，其余线宽为 0.25，虚线用 HIDDEN，点画线用 CENTER。

（23）按图形尺寸精确绘图（尺寸标注、文字注释不画），如图 3-43 所示，绘图方法、图形编辑方法不限，线型、线宽要符合机械制图标准，即粗实线线宽为 0.5，其余线宽为 0.25，虚线用 HIDDEN，点画线用 CENTER。

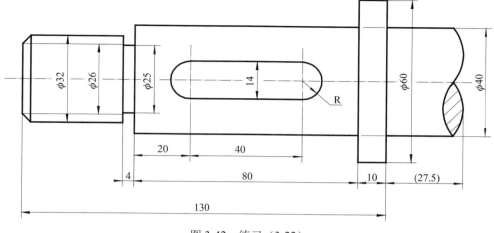

图 3-42　练习（3-22）

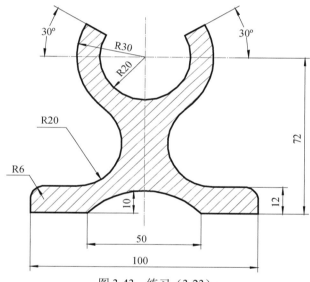

图 3-43　练习（3-23）

（24）按图形尺寸精确绘图（尺寸标注、文字注释不画），如图 3-44 所示，绘图方法、图形编辑方法不限，线型、线宽要符合机械制图标准，即粗实线线宽为 0.5，其余线宽为 0.25，虚线用 HIDDEN，点画线用 CENTER。

（25）按图形尺寸精确绘图（尺寸标注、文字注释不画），如图 3-45 所示，绘图方法、图形编辑方法不限，线型、线宽要符合机械制图标准，即粗实线线宽为 0.5，其余线宽为 0.25，虚线用 HIDDEN，点画线用 CENTER。

（26）按图形尺寸精确绘图（尺寸标注、文字注释不画），如图 3-46 所示，绘图方法、图形编辑方法不限，线型、线宽要符合机械制图标准，即粗实线线宽为 0.5，其余线宽为 0.25，虚线用 HIDDEN，点画线用 CENTER。

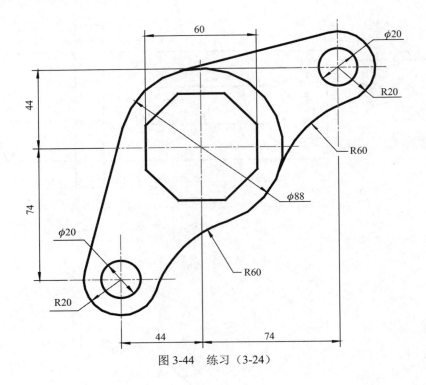

图 3-44 练习（3-24）

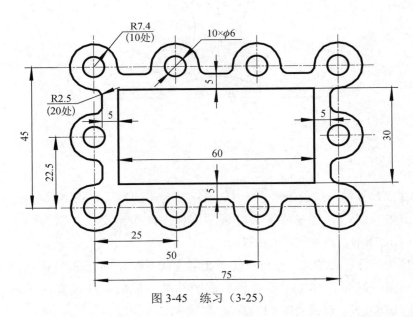

图 3-45 练习（3-25）

（27）按图形尺寸精确绘图（尺寸标注、文字注释不画），如图 3-47 所示，绘图方法、图形编辑方法不限，线型、线宽要符合机械制图标准，即粗实线线宽为 0.5，其余线宽为 0.25，虚线用 HIDDEN，点画线用 CENTER。

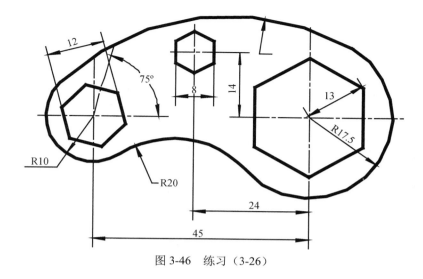

图 3-46 练习（3-26）

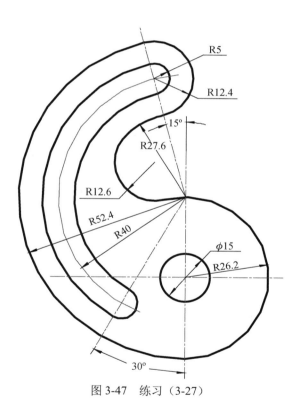

图 3-47 练习（3-27）

（28）按图形尺寸精确绘图（尺寸标注、文字注释不画），如图 3-48 所示，绘图方法、图形编辑方法不限，线型、线宽要符合机械制图标准，即粗实线线宽为 0.5，其余线宽为 0.25，虚线用 HIDDEN，点画线用 CENTER。

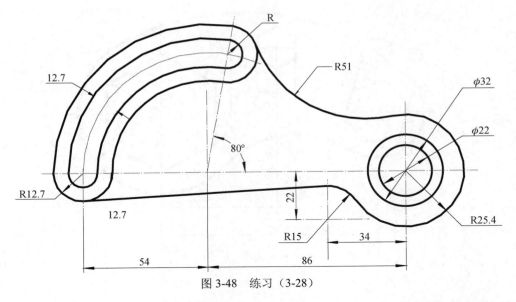

图 3-48　练习（3-28）

（29）按图形尺寸精确绘图（尺寸标注、文字注释不画），如图 3-49 所示，绘图方法、图形编辑方法不限，线型、线宽要符合机械制图标准，即粗实线线宽为 0.5，其余线宽为 0.25，虚线用 HIDDEN，点画线用 CENTER。

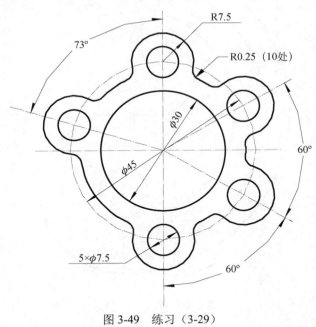

图 3-49　练习（3-29）

（30）按图形尺寸精确绘图（尺寸标注、文字注释不画），如图 3-50 所示，绘图方法、图形编辑方法不限，线型、线宽要符合机械制图标准，即粗实线线宽为 0.5，其余线宽为 0.25，虚线用 HIDDEN，点画线用 CENTER。

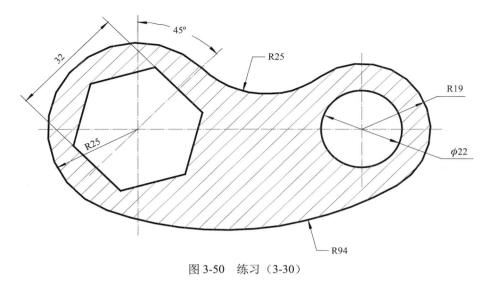

图 3-50　练习（3-30）

第4章 尺寸标注

为使 AutoCAD 绘制的图样中的尺寸符合我国机械制图国家标准的规定，在用 AutoCAD 标注尺寸时，首先要按照制图国标的要求创建尺寸标注样式。AutoCAD 为工程图样中各种形式的尺寸提供了方便、快捷、准确的标注方法。本章学习创建尺寸标注样式和标注各种尺寸。

4.1 创建尺寸标注样式

尺寸标注样式
设置视频

为满足机械制图国家标准对尺寸的要求，应该对尺寸的尺寸线、尺寸界线、尺寸数字和箭头进行设置。

4.1.1 创建"直线"尺寸标注样式

创建常用尺寸标注样式，最常见的是标注直线型尺寸，因此，应该首先设置"直线"尺寸标注样式，然后在此基础样式上进行简单修改设置。

"直线"尺寸标注样式设置内容为：并列尺寸之间的尺寸线间距值为"7"；尺寸界线超出尺寸线长度为"2"；尺寸界线由轮廓线延长引出时不留空隙；尺寸箭头长度为"3"；弧长符号处于尺寸数字的上方；尺寸数字字体用"gbeitc.shx"（不用大字体），字高为"2.5"（或"3.5"）；其他选项用默认值，有必要时再修改。

操作步骤如下：

（1）找到尺寸标注有关图标板块，如图 4-1 所示，找到"注释"功能区。

图 4-1 "注释"功能区

（2）单击"注释"右侧的倒置三角形，显示各类标注有关的设置选项，找到"标注样式"命令图标 ，单击图标，如图 4-2 所示。

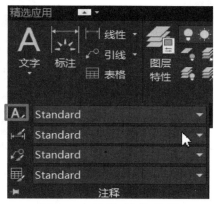

图 4-2　标注样式图标位置

（3）单击图标后出现尺寸"标注样式管理器"对话框，如图 4-3 所示。

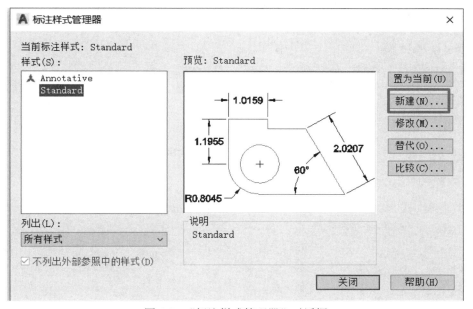

图 4-3　"标注样式管理器"对话框

（4）单击"新建"按钮，出现如图 4-4 所示"创建新标注样式"对话框。

图 4-4　"创建新标注样式"对话框

（5）修改"新样式名"为"直线"，如图 4-5 所示。

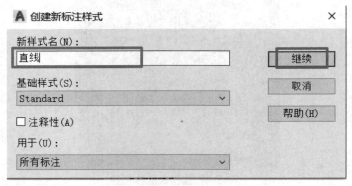

图 4-5　新标注样式命名

（6）单击"继续"按钮，打开"新建标注样式：直线"对话框，如图 4-6 所示，分为"线""符号和箭头""文字""调整""主单位""换算单位""公差"七大设置项目。

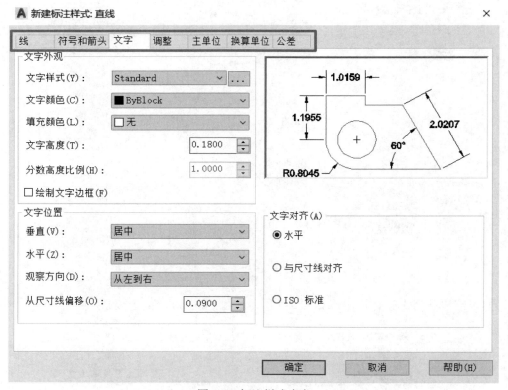

图 4-6　标注样式内容

（7）选择"线"选项卡，出现如图 4-7 所示对话框，进行尺寸线和尺寸界线的设置：将所有的"ByBlock"改成"ByLayer"，"基线间距"设为"7"，"超出尺寸线"设为"2"，"起点偏移量"设为"0"，设置后如图 4-8 所示。

（8）选择"符号和箭头"选项卡，出现如图 4-9 所示对话框，进行符号和箭头的设置：将箭头形状设为"实心闭合"，"箭头大小"设为"3"，其余用默认值，设置后如图 4-10 所示。

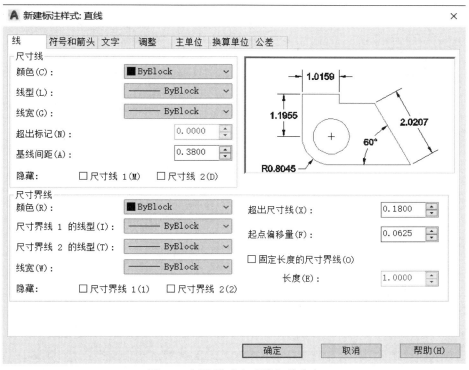

图 4-7　标注样式中"线"的内容

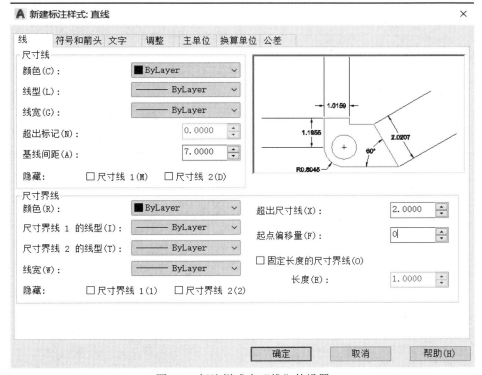

图 4-8　标注样式中"线"的设置

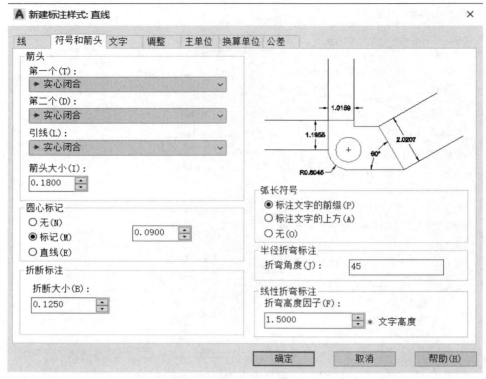

图 4-9　标注样式中"符号和箭头"的内容

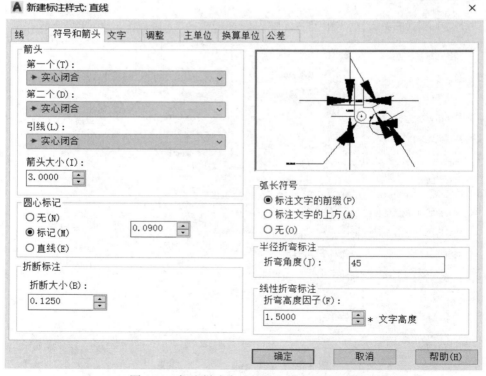

图 4-10　标注样式中"符号和箭头"的设置

（9）选择"文字"选项卡，出现如图 4-11 所示对话框，进行文字样式、颜色、大小等的设置：文字样式即字体，单击"Standard"右侧的向下箭头选择"数字和字母"，或单击"…"。在打开的"文字样式"对话框中，"字体名"设为"gbeitc.shx"如图 4-12 所示，单击"应用"按钮，再单击"关闭"按钮。"文字颜色"设为"ByLayer"，"文字高度"设为"2.5"，"文字位置"→"垂直"方向设为"上"，"从尺寸线偏移"设为"1"，"文字对齐"设为"与尺寸线对齐"，其余用默认值，设置后如图 4-13 所示。

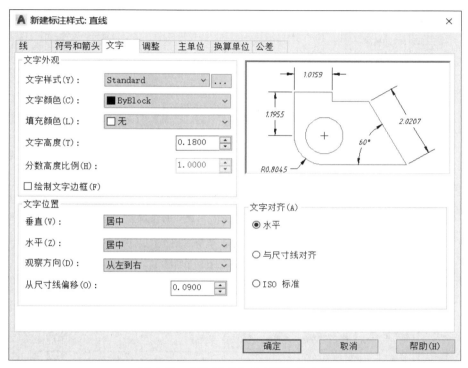

图 4-11　标注样式中"文字"的内容

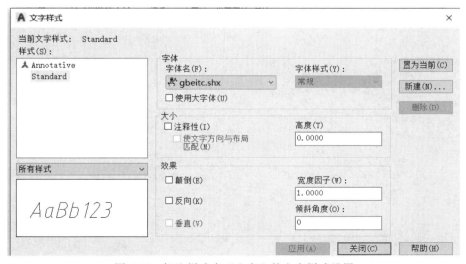

图 4-12　标注样式中"文字"的文字样式设置

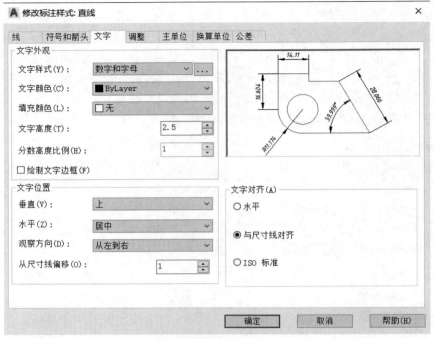

图 4-13　标注样式中"文字"的设置

（10）选择"调整"选项卡，出现如图 4-14 所示对话框，进行箭头、文字等位置、外观上的调整：勾选"在尺寸界线之间绘制尺寸线"文字前的小方框，其余用默认值，设置后如图 4-15 所示。

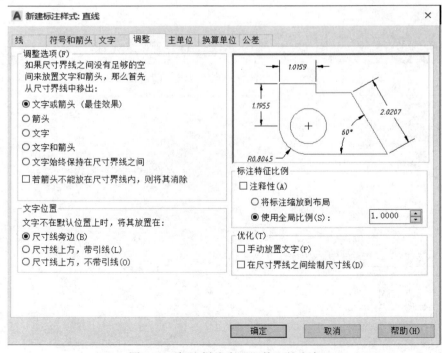

图 4-14　标注样式中"调整"的内容

图 4-15 标注样式中"调整"的设置

（11）选择"主单位"选项卡，出现如图 4-16 所示对话框，进行尺寸数字的精度、小数分隔符、测量单位比例、消零、角度标注等的设置："精度"设为"0.000"，"小数分隔符"设为"'.'句点"，"测量单位比例"→"比例因子"设为"1"，"消零"选项组则将"后续"前小方框打钩，其余用默认值，设置后如图 4-17 所示。

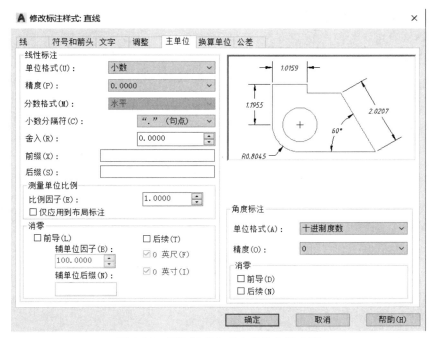

图 4-16 标注样式中"主单位"的内容

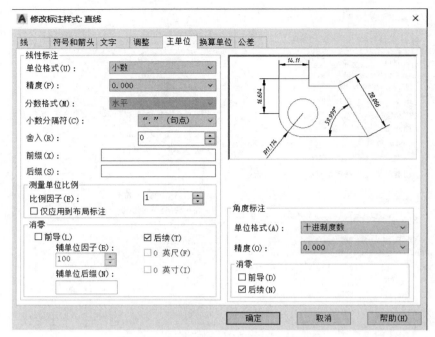

图 4-17　标注样式中"主单位"的设置

（12）单击"确定"按钮，再单击"关闭"按钮，退出"修改标注样式：直线"对话框。

4.1.2　创建"角度"尺寸标注样式

机械制图标准规定角度的尺寸一律按水平放置，因此其标注样式与"直线"标注样式非常类似，改变文字对齐方向即可。

操作步骤如下：

（1）如上所述，依次打开"标注样式管理器"对话框、"创建新标注样式"对话框，新建标注样式，将"基础样式"选择"直线"，"新样式名"设为"角度"，如图 4-18 所示。

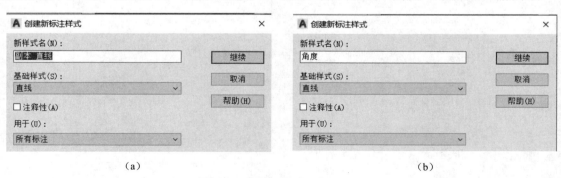

（a）　　　　　　　　　　　　　　　　　　（b）

图 4-18　创建"角度"标注样式

（2）单击"继续"按钮，选择"文字"选项卡，将"文字对齐"设为"水平"，其余不变，设置后如图 4-19 所示。

（3）单击"确定"按钮，再单击"关闭"按钮，退出"修改标注样式：角度"对话框。

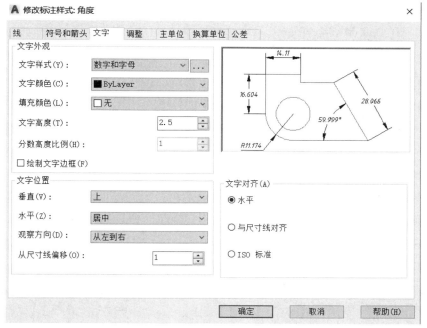

图 4-19　角度标注样式的文字设置

4.1.3　创建"直径"尺寸标注样式

机械制图标准规定超过半圆的圆弧或圆要标注直径，而"直线"标注样式标注直径时，尺寸数字放置在圆内只能显示一个箭头和一半尺寸线，因此也需要另外设置标注样式。

操作步骤如下：

（1）依次打开"标注样式管理器"对话框、"创建新标注样式"对话框，新建标注样式，将"基础样式"选择"直线"，"新样式名"设为"直径"，如图 4-20 所示。

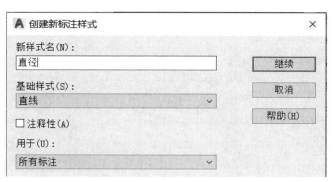

图 4-20　创建"直径"标注样式

（2）单击"继续"按钮，选择"调整"选项卡，在"从尺寸界线中移出："中选中"文字和箭头"，其余不变，设置后如图 4-21 所示。

（3）单击"确定"按钮，再单击"关闭"按钮，退出"修改标注样式：直径"对话框。

图 4-21　直径标注样式的调整设置

4.2　尺寸标注

水平和竖直尺寸
标注视频

4.2.1　长度尺寸标注

1. 水平尺寸标注

操作步骤如下：

（1）单击"标注样式"命令图标 ，打开"标注样式管理器"对话框，将"直线"标注样式"置为当前"，选中"直线"，单击"置为当前"按钮，如图 4-22 所示，单击"关闭"按钮，退出对话框。

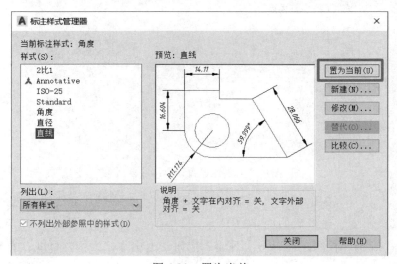

图 4-22　置为当前

（2）单击"线性"标注命令图标 ，。

（3）指定第一个尺寸界线原点或＜选择对象＞：（说明：使用光标捕捉水平尺寸的起点）。

（4）指定第二条尺寸界线原点：（说明：使用光标捕捉水平尺寸的端点）。

（5）［多行文字（M）文字（T）角度（A）水平（H）垂直（V）旋转（R）］：（说明：使用光标指定尺寸数字放置位置）。

【例 4-1】如图 4-23 所示，标注水平尺寸 50。

操作步骤如下：

（1）单击"标注样式"命令图标 ，打开"标注样式管理器"对话框，将"直线"标注样式"置为当前"。

（2）单击"线性"标注命令图标 。

（3）使用光标捕捉点 B。

（4）使用光标捕捉点 C。

（5）使用光标单击尺寸数字 50 所在位置。

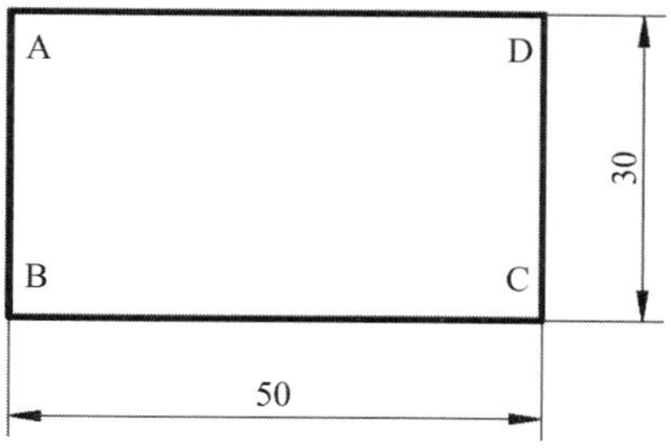

图 4-23　水平和竖直尺寸标注

2. 竖直尺寸标注

操作步骤如下：

（1）单击"标注样式"命令图标 ，打开"标注样式管理器"对话框，将"直线"标注样式"置为当前"。

（2）单击"线性"标注命令图标 。

（3）指定第一个尺寸界线原点或＜选择对象＞：（说明：使用光标捕捉水平尺寸的起点）。

（4）指定第二条尺寸界线原点：（说明：使用光标捕捉水平尺寸的端点）。

（5）［多行文字（M）文字（T）角度（A）水平（H）垂直（V）旋转（R）］：（说明：使用光标指定尺寸数字放置位置）。

【例 4-2】如图 4-23 所示，标注竖直尺寸 30。

操作步骤如下：

（1）单击"标注样式"命令图标 ，打开"标注样式管理器"对话框，将"直线"标注样式"置为当前"。

（2）单击"线性"标注命令图标 。

（3）使用光标捕捉点 D。

（4）使用光标捕捉点 C。

（5）使用光标单击尺寸数字 30 所在位置。

3. 斜线段尺寸标注

操作步骤如下：

（1）单击"标注样式"命令图标 ，打开"标注样式管理器"对话框，将"直线"标注样式"置为当前"。

斜线段尺寸
标注视频

（2）单击"对齐"标注命令图标 ■。

（3）指定第一个尺寸界线原点或＜选择对象＞：（说明：使用光标捕捉水平尺寸的起点）。

（4）指定第二条尺寸界线原点：（说明：使用光标捕捉水平尺寸的端点）。

（5）［多行文字（M）文字（T）角度（A）］：（说明：使用光标指定尺寸数字放置位置）。

【例 4-3】如图 4-24 所示，标注斜尺寸 25。

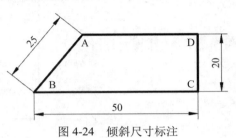

图 4-24　倾斜尺寸标注

操作步骤如下：

（1）单击"标注样式"命令图标 ■，打开"标注样式管理器"对话框，将"直线"标注样式"置为当前"。

（2）单击"线性"标注命令图标 ■。

（3）使用光标捕捉点 A。

（4）使用光标捕捉点 B。

（5）使用光标单击尺寸数字 25 所在位置。

4.2.2　角度尺寸标注

操作步骤如下：

角度尺寸标注视频

（1）单击"标注样式"命令图标 ■，打开"标注样式管理器"对话框，将"角度"标注样式"置为当前"。

（2）单击"角度"标注命令图标 ■。

（3）选择圆弧、圆、直线或＜指定顶点＞：（说明：使用光标选中需要标注角度的第一条线）。

（4）指定第二条直线：（说明：使用光标选中需要标注角度的第二条线）。

（5）指定标注弧线位置或［多行文字（M）文字（T）角度（A）象限点（Q）］：（说明：使用光标指定尺寸数字放置位置）。

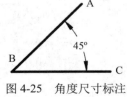

图 4-25　角度尺寸标注

【例 4-4】如图 4-25 所示，标注角 ABC 的度数 45°。

操作步骤如下：

（1）单击"标注样式"命令图标 ■，打开"标注样式管理器"对话框，将"角度"标注样式"置为当前"。

（2）单击"角度"标注命令图标 ■。

（3）使用光标选中直线 AB。

（4）使用光标选中直线 AC。

（5）使用光标单击尺寸数字 45°所在位置。

4.2.3　弧长尺寸标注

操作步骤如下：

（1）单击"标注样式"命令图标 ，打开"标注样式管理器"对话框，将"角度"标注样式"置为当前"。

（2）单击"弧长"标注命令图标 。

（3）选择弧线段或多段线圆弧段：（说明：使用光标选中需要标注的圆弧）。

弧长尺寸标注视频

（4）指定弧长标注位置或［多行文字（M）文字（T）角度（A）部分（P）］：（说明：使用光标指定尺寸数字放置位置）。

【例 4-5】如图 4-26 所示，标注半径为 20 的四分之一圆弧长度。

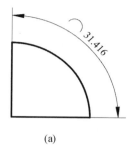
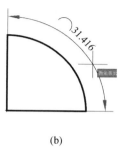

(a)　　　　　　　　　　　　　　　(b)

图 4-26　弧度尺寸标注

操作步骤如下：

（1）单击"标注样式"命令图标 ，打开"标注样式管理器"对话框，将"角度"标注样式"置为当前"。

（2）单击"弧长"标注命令图标 。

（3）使用光标选中图中圆弧。

（4）使用光标单击尺寸数字所在位置［如图 4-26（b）所示单击十字光标所在位置］。

4.2.4　半径尺寸标注

操作步骤如下：

（1）单击"标注样式"命令图标 ，打开"标注样式管理器"对话框，将"直径"标注样式"置为当前"。

（2）单击"半径"标注命令图标 。

（3）选择圆弧或圆：（说明：使用光标选中需要标注的圆弧）。

（4）指定尺寸线位置或［多行文字（M）文字（T）角度（A）］：（说明：使用光标指定尺寸数字放置位置）。

半径尺寸标注视频

【例 4-6】如图 4-27 所示，标注半径为 20 的四分之一圆弧半径尺寸。

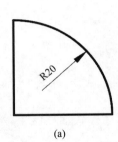
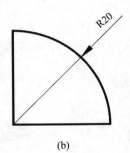

图 4-27　半径尺寸标注

操作步骤如下：

（1）单击"标注样式"命令图标　，打开"标注样式管理器"对话框，将"直径"标注样式"置为当前"。

（2）单击"半径"标注命令图标　。

（3）使用光标选中图中圆弧。

（4）使用光标单击尺寸数字所在位置［图 4-27（a）为使用光标单击在圆弧内效果，图 4-27（b）为使用光标单击在圆弧外效果］。

4.2.5　直径尺寸标注

操作步骤如下：

直径尺寸标注视频

（1）单击"标注样式"命令图标　，打开"标注样式管理器"对话框，将"直径"标注样式"置为当前"。

（2）单击"直径"标注命令图标　。

（3）选择圆弧或圆：（说明：使用光标选中需要标注的圆）。

（4）指定尺寸线位置或［多行文字（M）文字（T）角度（A）］：（说明：使用光标指定尺寸数字放置位置）。

【例 4-7】如图 4-28 所示，标注半径为 10 的圆的直径尺寸。

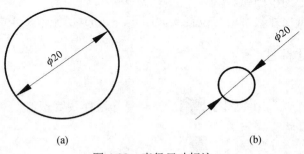

图 4-28　直径尺寸标注

操作步骤如下：

（1）单击"标注样式"命令图标　，打开"标注样式管理器"对话框，将"直径"标注样式"置为当前"。

（2）单击"直径"标注命令图标　。

（3）使用光标选中图中的圆。

（4）使用光标单击尺寸数字所在位置［若是小圆则使用光标单击在圆弧外，如图 4-28（b）所示］。

4.2.6　坐标式标注

操作步骤如下：

（1）单击"标注样式"命令图标 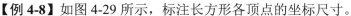，打开"标注样式管理器"对话框，将"直线"标注样式"置为当前"。

（2）单击"坐标"标注命令图标 。

（3）指定点坐标：（说明：使用光标指定需要标注坐标的点）。

（4）指定引线端点或［X 基准（X）Y 基准（Y）多行文字（M）文字（T）角度（A）］：（说明：使用光标指定坐标标注位置）。

坐标式尺寸
标注视频

【例 4-8】如图 4-29 所示，标注长方形各顶点的坐标尺寸。

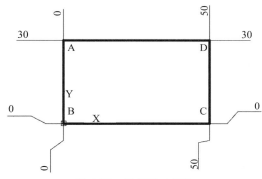

图 4-29　坐标尺寸标注

操作步骤如下：

（1）单击"标注样式"命令图标 ，打开"标注样式管理器"对话框，将"直线"标注样式"置为当前"。

（2）单击"坐标"标注命令图标 。

（3）使用光标捕捉点 A 或点 B 或点 C 或点 D。

（4）使用光标单击坐标需要放置的位置（一次标注一个点的一个方向的坐标，同一个点另一个方向的坐标需要再标注一次）。

4.2.7　折弯式标注

操作步骤如下：

（1）单击"标注样式"命令图标 ，打开"标注样式管理器"对话框，将"直线"标注样式"置为当前"。

（2）单击"坐标"标注命令图标 。

（3）选择圆弧或圆：（说明：使用光标选中圆弧或圆）。

折弯尺寸标注
视频

（4）指定图示中心位置：（说明：使用光标指定尺寸线的起点）。

（5）指定尺寸线位置或［多行文字（M）文字（T）角度（A）］：（说明：使用光标指定尺寸数字放置位置）。

（6）指定折弯位置：（说明：使用光标指定折弯位置）。

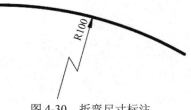

图 4-30　折弯尺寸标注

【例 4-9】 如图 4-30 所示，标注圆弧的半径尺寸。

操作步骤如下：

（1）单击"标注样式"命令图标，打开"标注样式管理器"对话框，将"直线"标注样式"置为当前"。

（2）单击"坐标"标注命令图标。

（3）使用光标选中圆弧。

（4）使用光标指定尺寸线的起点（不带箭头的端点）。

（5）使用光标指定尺寸数字放置位置。

（6）使用光标指定折弯位置。

4.3　特殊尺寸

4.3.1　带前缀的尺寸

有些尺寸数字前面需要标注前缀，如直径 ⌀、半径 R、球直径 $S⌀$、球半径 SR、数量 6×⌀等。

带前缀的尺寸
标注视频

操作步骤如下：

（1）先按普通尺寸标注方法标注尺寸。

（2）选中要标注前缀的尺寸。

（3）单击"特性"命令图标，出现如图 4-31（c）所示对话框。

（4）拉动对话框中的滚动条，找到"主单位"里的"标注前缀"，如图 4-31（d）所示。

（5）在"标注前缀"后面输入前缀数字和字母，或特殊代号，如"%%C"。

（6）按 Esc 键，结束操作。

补充说明：⌀的前缀代号是%%C。

【例 4-10】 如图 4-31（a）所示，标注尺寸⌀20。

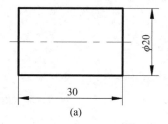

(a)

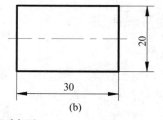

(b)

图 4-31　带前缀的尺寸标注

(c)

(d)

图 4-31　带前缀的尺寸标注（续）

操作步骤如下：

（1）先按普通尺寸标注方法标注尺寸，如图 4-31（b）所示。

（2）选中要标注前缀的尺寸：20。

（3）单击"特性"命令图标 ，出现如图 4-31（c）所示对话框。

（4）拉动对话框中的滚动条，找到"主单位"，单击"标注前缀"。

（5）在"标注前缀"后面框中输入"%%C"。

（6）按 Esc 键，结束操作。

4.3.2　带后缀的尺寸

有些尺寸数字后面需要标注后缀，如角度°、正负号±、公差带代号 H8/f7 等。

操作步骤如下：

（1）先按普通尺寸标注方法标注尺寸。

（2）选中要标注后缀的尺寸。

（3）单击"特性"命令图标 ，出现如图 4-31（c）所示对话框。

带后缀的尺寸
标注视频

（4）拉动对话框中的滚动条，找到"主单位"里的"标注后缀"，如图 4-31（d）所示。

（5）在"标注后缀"后面框中输入后缀数字和字母，或特殊代号，如"%%P"。

（6）按 Esc 键，结束操作。

补充说明：度的后缀代号是%%D；正负号的后缀代号是%%P（操作步骤与前缀类似，不再另外举例说明）。

4.3.3　带偏差值的尺寸

工程图上个别尺寸后面带偏差值，需要用特殊方法标注，如⌀20f7 的上偏差是−0.02，

带偏差值的尺寸
标注视频

下偏差是-0.041。

操作步骤如下：

（1）先按普通尺寸标注方法标注尺寸。

（2）选中要标注偏差值的尺寸。

（3）单击"特性"命令图标 ，出现如图 4-31（c）所示对话框。

（4）拉动对话框中的滚动条，找到"公差"。

（5）再找到"显示公差"，单击右侧倒置三角形，选中"极限偏差"。

（6）紧邻其下方找到"公差下偏差"，在右侧框中输入下偏差值。

（7）紧邻其下方找到"公差上偏差"，在右侧框中输入上偏差值。

（8）在其下方第二行，找到"公差精度"，单击右侧倒置三角形，选中"0.000"。

（9）在其下方第五行，找到"公差文字高度"，在右侧框中输入 0.6。

（10）按 Esc 键，结束操作。

【例 4-11】如图 4-32 所示，按图标注尺寸。

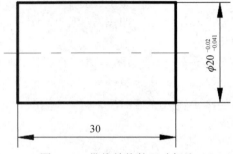

图 4-32　带偏差值的尺寸标注

操作步骤如下：

（1）先按普通尺寸标注方法标注尺寸。

（2）按标注前缀方法标注 20。

（3）选中要标注偏差值的尺寸∅20。

（4）单击"特性"命令图标 ，出现如图 4-31（c）所示对话框。

（5）拉动对话框中的滚动条，找到"公差"，如图 4-33（a）所示。

（6）找到"显示公差"，单击右侧倒置三角形，选中"极限偏差"，如图 4-33（b）所示。

（7）紧邻其下方找到"公差下偏差"，在右侧框中输入下偏差值-0.041。

（8）紧邻其下方找到"公差上偏差"，在右侧框中输入上偏差值-0.02。

（9）在其下方第二行，找到"公差精度"，单击右侧倒置三角形，选中"0.000"。

（10）在其下方第五行，找到"公差文字高度"，在右侧框中输入 0.6，如图 4-33（c）所示。

（11）按 Esc 键，结束操作。

（a）

（b）

（c）

图 4-33　带偏差值的尺寸标注操作过程

4.3.4　带特殊符号的尺寸

孔的形状多种多样，孔的标注也相对比较复杂，有些孔需要标注特殊符号，如深度符号、忽孔符号、埋头孔符号、正方形符号等。

操作步骤如下：

（1）先确定要标注的尺寸位置，用简化标注形式画出指引线。

（2）新建文字样式，在打开的"文字样式"对话框中，如图 4-34 所示，选中样式"特殊符号"，"字体名"设为"gdt.shx"。

（3）在指引线上标注文字（说明：特殊符号用特定字母输入变换而成）。

补充说明：深度符号用小写字母"x"；忽孔符号用小写字母"v"；埋头孔符号用小写字母"w"；正方形符号用小写字母"o"。

带特殊符号的
尺寸标注视频

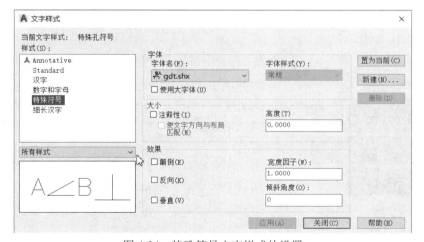

图 4-34　特殊符号文字样式的设置

【例 4-12】如图 4-35 所示标注孔的尺寸。

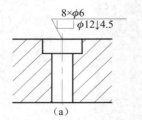
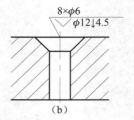

图 4-35　特殊符号标注

操作步骤如下：

（1）先确定要标注的尺寸位置，用简化标注形式画出指引线。

（2）新建文字样式，如图 4-34 所示，选中样式"特殊符号"，"字体名"设为 "gdt.shx"。

（3）在指引线上标注文字，图 4-35（a）为输入"v%%C12x4.5"，图 4-35（b）为输入 "w%%C12x4.5"。

4.3.5　几何公差标注

几何公差标注视频

操作步骤如下：

（1）找到菜单栏中"标注"。

（2）点开下拉式菜单，选中"公差"，出现"形位公差"对话框，如图 4-36 所示。

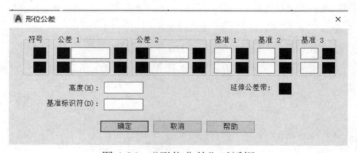

图 4-36　"形位公差"对话框

图 4-37　"特征符号"对话框

（3）单击"符号"下方的黑框，出现"特征符号"对话框，如图 4-37 所示，选择需要的特征符号。

（4）单击"公差 1"下方的黑框，出现"∅"，再单击则 "∅"消失。

（5）在"公差 1"下方的白框中输入公差数值。

（6）在"基准 1"下方的白框中输入基准字母。

（7）单击"确定"按钮，退出"形位公差"对话框。

（8）输入公差位置：（说明：使用光标指定公差位置）。

若公差位置不合适，可以用"移动"命令进行调整。

【例 4-13】 如图 4-38 所示，标注公差框格和基准符号。

图 4-38 形位公差标注

操作步骤如下：

（1）找到菜单栏"标注"。

（2）点开下拉式菜单，选中"公差"，出现"形位公差"对

话框，如图 4-36 所示。

（3）单击"符号"下方的黑框，出现"特征符号"对话框，如图 4-37 所示，选择特征符

号◎。

（4）单击"公差 1"下方的黑框，出现"∅"。

（5）在"公差 1"下方的白框中输入公差数值 0.05。

（6）在"基准 1"下方的白框中输入基准字母 A，如图 4-39 所示。

（7）单击"确定"按钮，退出"形位公差"对话框。

（8）输入公差位置：（说明：使用光标指定公差位置）。

（9）重复上述步骤（1）（2）。

（10）在"基准 2"下方的白框中输入基准字母 A，如图 4-40 所示。

（11）单击"确定"按钮，退出"形位公差"对话框。

（12）输入公差位置：（说明：使用光标指定公差位置）。

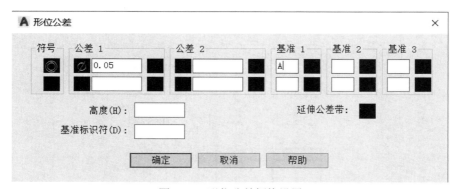

图 4-39 形位公差框格设置

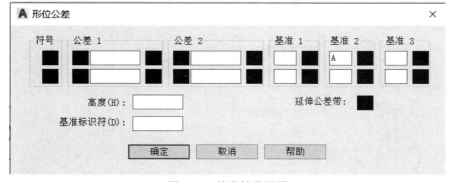

图 4-40 基准符号设置

上机练习

（1）绘制图 4-41，并标注尺寸，要求各尺寸格式与图示一致。

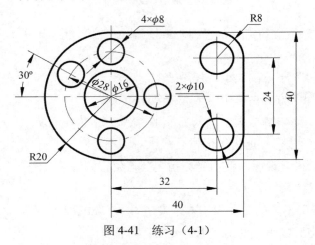

图 4-41　练习（4-1）

（2）绘制 4 条 20 毫米长的直线，并标注尺寸，要求各尺寸格式与图 4-42 所示一致。

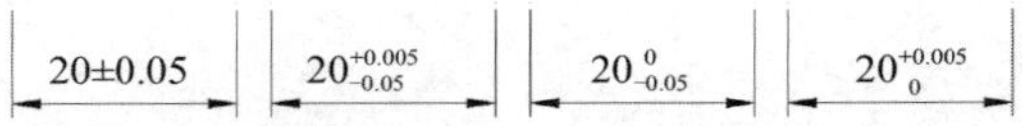

20 ± 0.05 $20^{+0.005}_{-0.05}$ $20^{0}_{-0.05}$ $20^{+0.005}_{0}$

图 4-42　练习（4-2）

（3）绘制图 4-43，并标注尺寸和公差。

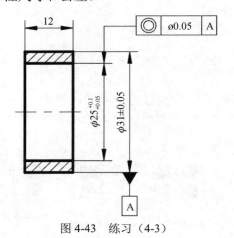

图 4-43　练习（4-3）

第5章 三维绘图

传统的工程图纸只能表现二维图形，需通过物体的投影等手段来表达空间物体。而利用计算机进行三维建模，则可以在计算机中模拟真实的物体，这些三维模型对于工程设计有相当重要的意义。在设计阶段就能够对模型进行细致研究和优化设计，具有传统工程图纸所无法比拟的优势。

AutoCAD 中有三类三维模型：三维线框模型、三维曲面模型和三维实体模型。本章仅介绍三维实体模型的构建方法。

三维实体绘图需在"三维基础"或"三维建模"工作空间中操作，操作步骤如下：

（1）在工作界面的右下角，找到"工作空间"图标 。

（2）点开工作空间图标右侧的倒置三角形。

（3）在"三维建模"前打钩。

为显示三维实体的效果，需进行简单设置，操作步骤如下：

（1）找到功能区"视图"区，如图 5-1 所示。

图 5-1　视图功能区

（2）点开"二维线框"右侧倒置三角形，如图 5-2 所示，选中"概念"（选择不同模式可以更换不同显示视觉效果）。

（3）点开"未保存的视图"右侧倒置三角形，如图 5-3 所示，选中"西南等轴测"（选择不同模式可以更换不同观看角度，等轴测的立体视觉效果最强，一般选择西南等轴测）。

图 5-2　视觉模式

图 5-3　观察角度

5.1 基本三维实体

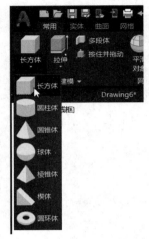

图 5-4 基本三维实体选项

基本三维实体命令图标集中在工作界面的左上角"A"字母下方，点开其倒置三角形可以调换不同实体图标，如图 5-4 所示。基本三维实体包括长方体、圆柱体、圆锥体、球体、棱锥体、楔体、圆环体等。

5.1.1 长方体

"长方体"命令图标是 ，利用"长方体"命令可以画不同大小的长方体。

操作步骤如下：

（1）单击"长方体"命令图标。

（2）指定第一个角点或［中心（C）］：（说明：使用光标指定长方体底面的一个顶点）。

绘制长方体视频

（3）指定其他角点或［长方体（C）长度（L）］：（说明：使用光标指定长方体底面的另一个顶点）。

（4）指定高度或［两点（2P）］：（说明：键盘输入高度）。

【例 5-1】如图 5-5 所示，绘制长宽高分别为 50、20、30 的长方体。

图 5-5 长方体

操作步骤如下：

（1）单击"长方体"命令图标。

（2）使用光标指定长方体底面的一个顶点。

（3）键盘输入：@50，20↙。

（4）键盘输入：30↙。

5.1.2 圆柱体

"圆柱体"命令图标是，利用"圆柱体"命令可以画不同大小的圆柱体。

绘制圆柱体
视频

操作步骤如下：

（1）单击"圆柱体"命令图标。

（2）指定底面的中心点或［三点（3P）两点（2P）相切、相切、半径（T）椭圆（E）］：（说明：使用光标指定圆柱体底面的中心点）。

（3）指定底面半径或［直径（D）］：（说明：键盘输入半径值）。

（4）指定高度或［两点（2P）轴端点（A）］：（说明：键盘输入高度）。

【例 5-2】如图 5-6 所示，绘制竖直摆放的圆柱体，底圆半径为 20，高为 60。

操作步骤如下：

（1）单击"圆柱体"命令图标。

（2）使用光标指定圆柱体底面的中心点。

（3）键盘输入半径值：20↙。

（4）键盘输入高度：60↙。

图 5-6　圆柱体

5.1.3　圆锥体

"圆锥体"命令图标是 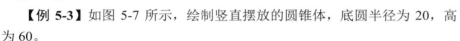，利用"圆锥体"命令可以画不同大小的圆锥体。

操作步骤如下：

（1）单击"圆锥体"命令图标 。

（2）指定底面的中心点或［三点（3P）两点（2P）相切、相切、半径（T）椭圆（E）］:（说明：使用光标指定圆锥体底面的中心点）。

（3）指定底面半径或［直径（D）］:（说明：键盘输入半径值）。

（4）指定高度或［两点（2P）轴端点（A）顶面半径（T）］:（说明：键盘输入高度）。

绘制圆锥体
视频

【例 5-3】如图 5-7 所示，绘制竖直摆放的圆锥体，底圆半径为 20，高为 60。

操作步骤如下：

（1）单击"圆锥体"命令图标 。

（2）使用光标指定圆锥体底面的中心点。

（3）键盘输入半径值：20↙。

（4）键盘输入高度：60↙。

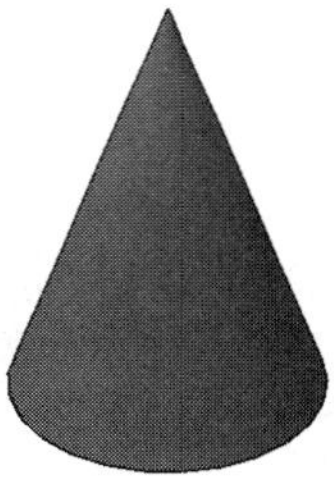

图 5-7　圆锥体

5.1.4　球体

"球体"命令图标是 ，利用"球体"命令可以画不同大小的球体。

操作步骤如下：

（1）单击"球体"命令图标 。

（2）指定中心点或［三点（3P）两点（2P）相切、相切、半径（T）］:（说明：使用光标指定球体的中心点）。

（3）指定半径或［直径（D）］:（说明：键盘输入半径值）。

绘制圆球视频

【例 5-4】如图 5-8 所示，绘制半径为 20 的球体。

操作步骤如下：

（1）单击"球体"命令图标 。

（2）使用光标指定球体的中心点。

（3）键盘输入半径值：20↙。

图 5-8　圆球

绘制棱锥体
视频

5.1.5 棱锥体

"棱锥体"命令图标是 ，利用"棱锥体"命令可以画不同大小的棱锥体。

操作步骤如下：

（1）单击"棱锥体"命令图标 。

（2）指定底面的中心点或 [边（E）侧面（S）]：（说明：使用光标指定棱锥体底面的中心点，键盘输入 S 可以设置底面边数）。

（3）指定底面半径或 [内接（I）]：（说明：键盘输入半径值）。

（4）指定高度或 [两点（2P）轴端点（A）顶面半径（T）]：（说明：键盘输入高度）。

图 5-9　棱锥

【例 5-5】如图 5-9 所示，绘制竖直摆放的棱锥体，底圆半径为 20，高为 60。

操作步骤如下：

（1）单击"棱锥体"命令图标 。

（2）使用光标指定棱锥体底面的中心点。

（3）键盘输入半径值：20↙。

（4）键盘输入高度：60↙。

5.1.6 楔体

"楔体"命令图标是 ，利用"楔体"命令可以画不同大小的楔体。

操作步骤如下：

（1）单击"楔体"命令图标 。

（2）指定第一个角点或 [中心（C）]：（说明：使用光标指定楔体的第一个顶点）。

（3）指定其他角点或 [立方体（C）长度（L）]：（说明：使用光标指定第二个顶点或键盘输入对角顶点的坐标）。

（4）指定高度或 [两点（2P）]：（说明：键盘输入高度）。

图 5-10　楔体

【例 5-6】如图 5-10 所示，绘制竖直摆放的楔体，长宽高分别为 50、20、60。

操作步骤如下：

（1）单击"楔体"命令图标 。

（2）使用光标指定楔体的第一个顶点。

（3）键盘输入：@50，20↙。

（4）键盘输入高度：60↙。

绘制圆环视频

5.1.7 圆环体

"圆环体"命令图标是 ，利用"圆环体"命令可以画不同大小的圆环体。

操作步骤如下：

（1）单击"圆环体"命令图标 。

（2）指定中心点或 [三点（3P）两点（2P）相切、相切、半径（T）]：（说明：光标指定圆环体的中心点）。

（3）指定半径或［直径（D）］：（说明：使用光标指定大圆环的半径或键盘输入半径）。

（4）指定圆管半径或［两点（2P）直径（D）］：（说明：小圆管半径）。

【例 5-7】如图 5-11 所示，绘制圆环体，大环半径为 60，小环半径为 10。

操作步骤如下：

（1）单击"圆环体"命令图标 。

（2）使用光标指定圆环体的中心点。

（3）键盘输入大环半径：60↙。

（4）键盘输入小圆管半径：10↙。

图 5-11　圆环

5.2　三维拉伸

"拉伸"命令图标是 ，利用"拉伸"命令可以画各种横截面的实体，绘图主要分两步：先画横截面（所绘图形必须是封闭图形），再拉伸指定高度。

三维拉伸视频

操作步骤如下：

（1）分析横截面所在视图（包括前视图、俯视图、左视图、右视图、仰视图、后视图六个视图）。

（2）点开"未保存的视图"右侧的倒置三角形，如图 5-3 所示，选中第一步分析的视图名称。

（3）用二维绘图命令绘制横截面图。

（4）点开"绘图"功能区的绘图右侧的倒置三角形（见图 5-12），找到"面域"命令图标 ，如图 5-13 所示。

图 5-12　绘图功能区

图 5-13　绘图功能区隐藏图标

（5）点开"未保存的视图"右侧的倒置三角形，如图 5-3 所示，选中"西南等轴测"。

（6）单击"拉伸"命令图标 。

（7）选中面域后的横截面。

（8）键盘输入拉伸高度。

【例 5-8】如图 5-14 所示绘制拉伸实体。

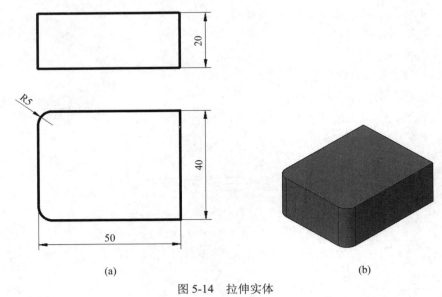

（a）　　　　　　　　　　　　　　　（b）

图 5-14　拉伸实体

操作步骤如下：

（1）分析横截面所在视图是俯视图。

（2）点开"未保存的视图"右侧的倒置三角形，如图 5-3 所示，选中"俯视图"。

（3）用二维绘图命令绘制横截面图，长为 50，宽为 40，左侧两个圆角 R5，如图 5-14（a）所示。

（4）点开"绘图"功能区绘图右侧的倒置三角形，如图 5-12 所示，单击"面域"命令图标 ▣（见图 5-13），选中横截面图，↙。

（5）点开"未保存的视图"右侧的倒置三角形，如图 5-3 所示，选中"西南等轴测"。

（6）单击"拉伸"命令图标 ▣。

（7）选中面域后的横截面（带圆角长方形）。

（8）键盘输入拉伸高度：20↙。

5.3　三维旋转

三维旋转视频

"旋转"命令图标是 ▣，利用"旋转"命令可以画各种回转体，绘图主要分两步：先画回转体的纵向截面图（画出对称的一半，所绘图形必须是封闭图形），再围绕回转体中心轴旋转 360°。

操作步骤如下：

（1）分析与回转体轴线平行的视图（包括前视图、俯视图、左视图、右视图、仰视图、后视图六个视图）。

（2）点开"未保存的视图"右侧的倒置三角形，如图 5-3 所示，选中第一步分析的视图名称。

（3）用二维绘图命令绘制纵向截面图（画对称图形的一半）。

（4）点开"绘图"功能区"绘图"右侧的倒置三角形，如图 5-12 所示，找到"面域"命令图标 ■（见图 5-13）。

（5）点开"未保存的视图"右侧的倒置三角形，如图 5-3 所示，选中"西南等轴测"。

（6）单击"拉伸"命令图标下面的倒置三角形，如图 5-15 所示，单击"旋转"命令图标 ▣。

（7）选中面域后的截面。

（8）使用光标捕捉回转轴。

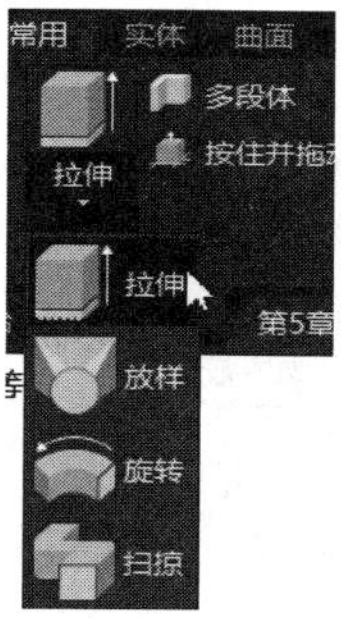

图 5-15　旋转实体命令图标

【例 5-9】如图 5-16 所示，绘制阶梯轴。

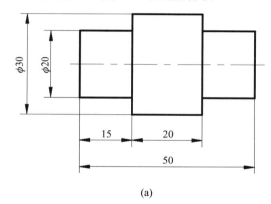

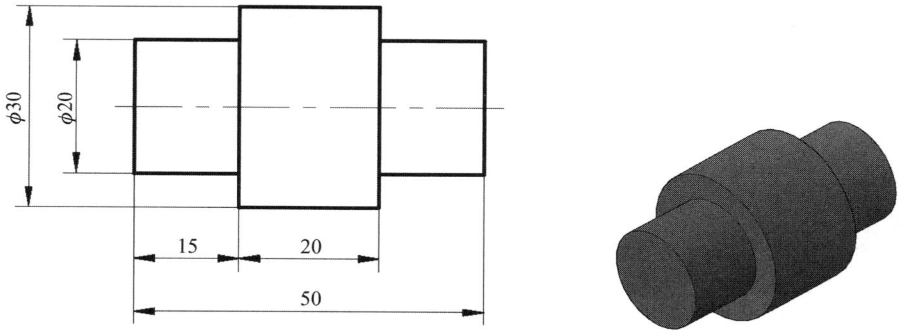

(a)

(b)

图 5-16　旋转实体

操作步骤如下：

（1）分析与回转体轴线平行的视图是前视图或俯视图。

（2）点开"未保存的视图"右侧的倒置三角形，如图 5-3 所示，选中俯视图。

（3）用二维绘图命令绘制纵向截面图［画出图 5-16（a）所示对称图形的一半，且画成封闭图形］，如图 5-17 所示。

（4）点开"绘图"功能区"绘图"右侧的倒置三角形，如图 5-12 所示，找到"面域"命令图标 ■，如图 5-13 所示，单击"面域"命令图标，选中所绘图形的所有线条。

图 5-17　对称图形的一半

（5）点开"未保存的视图"右侧的倒置三角形，如图 5-3 所示，选中"西南等轴测"。

（6）单击"拉伸"命令图标下面的倒置三角形，如图 5-15 所示，单击"旋转"命令图标 ▣。

（7）选中面域后的截面（选中面域后，图形被涂黑，变成深灰色）。

（8）使用光标捕捉回转轴的第一个点。

（9）使用光标捕捉回转轴的第二个点。

5.4　三维扫掠

三维扫掠视频

"扫掠"命令图标是 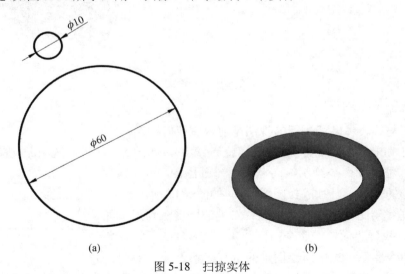，利用"扫掠"命令可以画各种横截面相同的细长体，折弯成斜或弯曲的各种形状，绘图主要分两步：先画截面图和路径，再使用"扫掠"命令。

操作步骤如下：

（1）分析弯曲路径所在视图（包括前视图、俯视图、左视图、右视图、仰视图、后视图六个视图）。

（2）点开"未保存的视图"右侧的倒置三角形，如图 5-3 所示，选中第一步分析的视图名称。

（3）用二维绘图命令绘制截面图和路径图。

（4）用"面域"命令将横截面图变成一个面。

（5）点开"未保存的视图"右侧的倒置三角形，如图 5-3 所示，选中"西南等轴测"。

（6）单击"拉伸"命令图标下面的倒置三角形，如图 5-15 所示，单击"扫掠"命令图标 。

（7）选择要扫掠的对象：✓（说明：选中面域后的截面）。

（8）选择扫掠路径或［对齐（A）基点（B）比例（S）扭曲（T）］：（说明：选中路径）。

【例 5-10】如图 5-18 所示，用"扫掠"命令绘制三维实体。

(a)　　　　　　　　　　　　　　　　(b)

图 5-18　扫掠实体

操作步骤如下：

（1）分析弯曲路径所在视图是俯视图。

（2）点开"未保存的视图"右侧的倒置三角形，选中俯视图。

（3）用二维绘图命令绘制截面图（直径为 10 的小圆）和路径图（直径为 60 的大圆）。

（4）用"面域"命令将横截面图（小圆）变成一个面。

（5）点开"未保存的视图"右侧的倒置三角形，如图 5-3 所示，选中"西南等轴测"。

（6）单击"拉伸"命令图标下面的倒置三角形，如图 5-15 所示，单击"扫掠"命令图标 。

（7）选中面域后的小圆，↙。

（8）选中大圆。

5.5　三维放样

"放样"命令图标是 ，利用"放样"命令可以画顶面和底面不同的实体。

操作步骤如下：

（1）分析顶面和底面所在视图（包括前视图、俯视图、左视图、右视图、仰视图、后视图六个视图）。

（2）点开"未保存的视图"右侧的倒置三角形，如图 5-3 所示，选中第一步分析的视图名称。

（3）用二维绘图命令绘制顶面和底面。

（4）用"面域"命令将顶面和底面分别变成一个面。

（5）点开"未保存的视图"右侧的倒置三角形，如图 5-3 所示，选中"西南等轴测"。

（6）单击"拉伸"命令图标下面的倒置三角形，如图 5-15 所示，单击"放样"命令图标 。

（7）按放样次序选择横截面或［点（PO）合并多条边（J）模式（MO）］：↙（说明：选中面域后的两个面，按回车键后出现如图 5-19 所示界面）。

（8）选中"设置"，出现如图 5-20 所示对话框。

（9）选择不同设置内容，常用的是"直纹"。

（10）单击"确定"按钮退出，结束操作。

图 5-19　放样选项　　　　　　　　　图 5-20　"放样设置"对话框

【例 5-11】如图 5-21 所示，用"放样"命令绘制底面正方形边长为 40，顶圆半径为 10，高为 50 的实体。

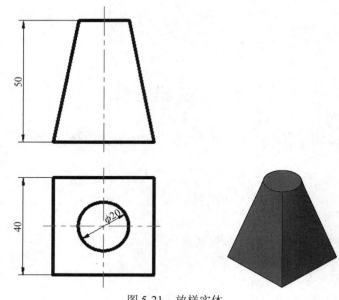

图 5-21　放样实体

操作步骤如下：

（1）分析顶面和底面所在视图是俯视图。

（2）点开"未保存的视图"右侧的倒置三角形，如图 5-3 所示，选中"俯视图"。

（3）用二维绘图命令绘制顶面（半径为 10 的圆）和底面（边长为 40 的正方形）。

（4）用"面域"命令将顶面和底面分别变成一个面。

（5）点开"未保存的视图"右侧的倒置三角形，如图 5-3 所示，选中"前视图"。

（6）用二维移动命令将顶面向上移动 50。

（7）点开"未保存的视图"右侧的倒置三角形，如图 5-3 所示，选中"西南等轴测"。

（8）单击"拉伸"命令图标下面的倒置三角形（见图 5-15），单击"放样"命令图标。

（9）按放样次序选择横截面或［点（PO）合并多条边（J）模式（MO）］：↙（选中面域后的两个面）。

（10）按回车键后选中"设置"。

（11）在出现的对话框中选中"直纹"。

（12）单击"确定"按钮退出，结束操作。

5.6　布尔运算

布尔运算是绘制复杂图形必不可少的一个工具，包括并集、差集和交集三个内容。实体经过布尔运算可以进行堆叠、挖切等变换。

并集、差集和交集三个命令图标位于如图 5-22 所示功能区的"实体编辑"位置。

图 5-22 实体编辑功能区

5.6.1 并集

"并集"命令图标是 ，利用"并集"命令可以将堆叠一起的两个实体合并成一个实体。组合体实体都可以先绘制简单三维实体，再通过"并集"命令将简单实体拼接成复杂实体。

操作步骤如下：

（1）用三维绘图命令绘制几个简单实体。

（2）通过"移动"命令将几个实体移动到合适位置。

（3）单击"并集"命令图标 。

（4）选择对象：✓（说明：选择需要合并的多个实体，合并后会生成相贯线）。

并集视频

【例 5-12】如图 5-23 所示，绘制有三个互相垂直的圆柱体构成的组合体，圆柱体底圆直径为 20，高为 50。

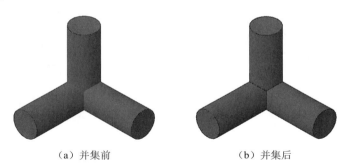

（a）并集前　　　　　　　　　（b）并集后

图 5-23 实体并集

操作步骤如下：

（1）用"圆柱体"命令分别在前视图、俯视图、左视图绘制圆柱体。

（2）通过"移动"命令将 3 个圆柱体的底圆圆心移动到同一个点。

（3）单击"并集"命令图标 。

（4）选中 3 个圆柱体，✓（命令结束后圆柱体相交的公共位置出现相贯线）。

5.6.2 差集

"差集"命令图标是 ，利用"差集"命令可以将一个实体进行挖孔或槽，孔的形状是另一个实体。挖切型组合体都可以先绘制简单三维实体，再通过"差集"命令从实体中挖去另一个实体形状。

操作步骤如下：

（1）用三维绘图命令绘制几个简单实体（说明：孔或槽形状也绘制成实体）。

差集视频

（2）通过"移动"命令将几个实体移动到合适位置。

（3）单击"差集"命令图标 。

（4）选择对象：↙（说明：选择需要被挖孔的实体）。

（5）选择对象：↙（说明：选择代表孔的实体）。

【例 5-13】如图 5-24 所示，绘制空心轴图 5-24（b），其尺寸如图 5-24（a）所示。

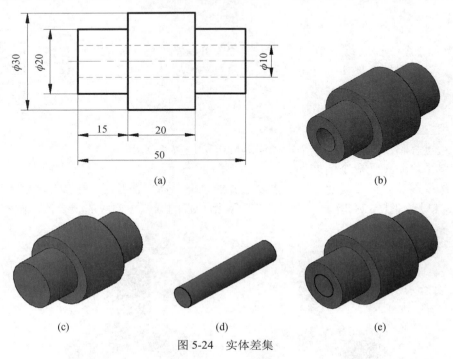

图 5-24　实体差集

操作步骤如下：

（1）用三维旋转命令绘制实心阶梯轴，如图 5-24（c）所示。

（2）用"圆柱体"命令绘制圆柱体（直径 10，高度 50），即将空心部分画成实体，如图 5-24（d）所示。

（3）通过"移动"命令将圆柱体的左端圆心与阶梯轴左端圆心重合，如图 5-24（e）所示。

（4）单击"差集"命令图标 。

（5）选择阶梯轴，↙。

（6）选择圆柱体，↙。

5.6.3　交集

交集视频

"交集"命令图标是 ，利用"交集"命令可以绘制两个实体的公共部分。

操作步骤如下：

（1）用三维绘图命令绘制几个简单实体。

（2）通过"移动"命令将几个实体移动到合适位置。

（3）单击"交集"命令图标 。

（4）选择对象：↙（说明：选择需要保留公共部分的两个实体）。

【**例 5-14**】如图 5-25 所示，绘制两圆柱体的公共部分，如图 5-25（c）所示，圆柱体底圆直径 40，高 50，中心距 20，尺寸如图 5-25（a）所示。

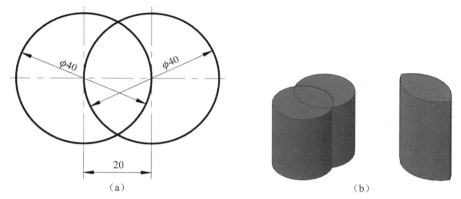

图 5-25　实体交集

操作步骤如下：

（1）用三维绘图命令绘制两个圆柱体（底圆直径 40，高 50）。

（2）通过"移动"命令将两个圆柱体移动到相距 20 的位置，如图 5-25（b）所示。

（3）单击"交集"命令图标 。

（4）选择两个圆柱体，↙。

补充说明：第（1）步、第（2）步还可以用"拉伸"命令完成，先画二维图如图 5-25（a）所示，再拉伸成图 5-25（b）所示形状。

5.7　三维剖切

"剖切"命令图标是 ，利用"剖切"命令可以将实体剖开，分割成多个实体。

三维剖切视频

操作步骤如下：

（1）用三维绘图命令绘制剖切前的实体。

（2）单击"剖切"命令图标 。

（3）选择要剖切的对象：↙（说明：选择被剖切的实体）。

（4）指定切面的起点或［平面对象（O）曲面（S）Z 轴（Z）视图（V）xy（XY）yz（YZ）zx（ZX）三点（3）］：（说明：选择剖切面的一个点）。

（5）指定平面上的第二个点：（说明：选择剖切面的另一个点）。

（6）在所需的侧面上指定点或［保留两个侧面（B）］：↙（说明：在需要留下的半个实

体上单击或按回车键表示两半都保留）。

图 5-26　剖切实体

【例5-15】用"剖切"命令将图5-24（b）空心轴沿轴线剖切，得到如图 5-26 所示图形。

操作步骤如下：

（1）用三维绘图命令绘制剖切前的实体如图 5-24（b）所示。

（2）单击"剖切"命令图标 ▣。

（3）选择第一步绘制的空心轴↙（说明：选择被剖切的实体）。

（4）使用光标捕捉空心轴左端圆心。

（5）使用光标捕捉右端圆心。

（6）↙（选择保留被剖切后的所有实体）。

（7）使用光标选中不要的实体，按 Delete 键。

上机练习

（1）按图 5-27 给出的尺寸绘制三维图形。

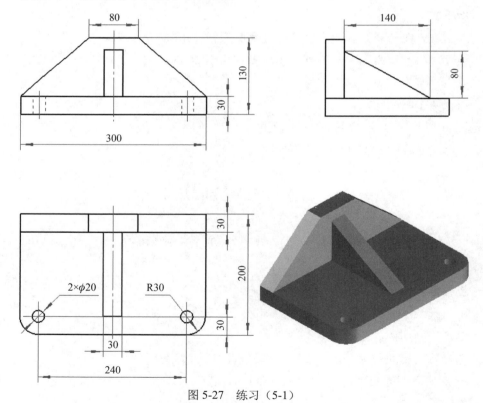

图 5-27　练习（5-1）

（2）按图 5-28 给出的尺寸绘制三维图形。

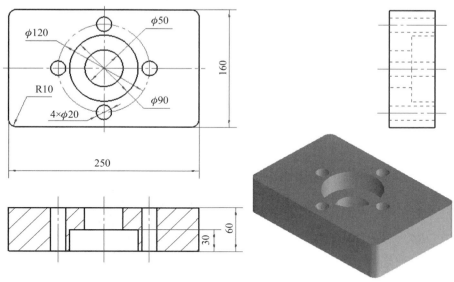

图 5-28 练习（5-2）

（3）按图 5-29 给出的尺寸绘制三维图形。

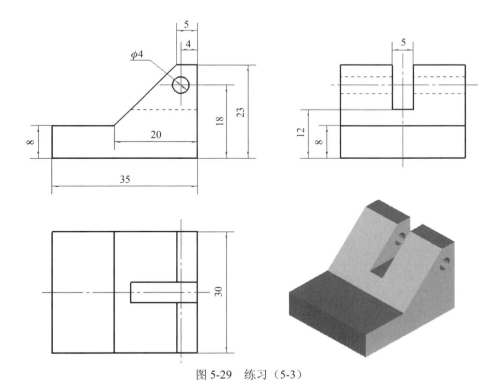

图 5-29 练习（5-3）

（4）按图 5-30 给出的尺寸绘制三维图形。

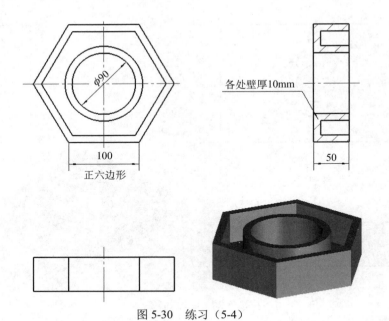

图 5-30　练习（5-4）

（5）按图 5-31 给出的尺寸绘制三维图形。

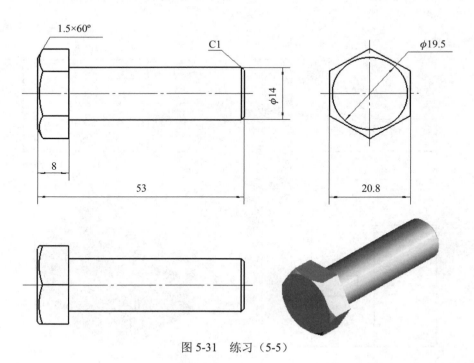

图 5-31　练习（5-5）

（6）按图 5-32 给出的尺寸绘制三维图形。

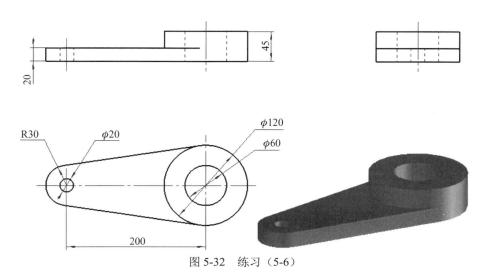

图 5-32 练习（5-6）

（7）按图 5-33 给出的尺寸绘制三维图形。

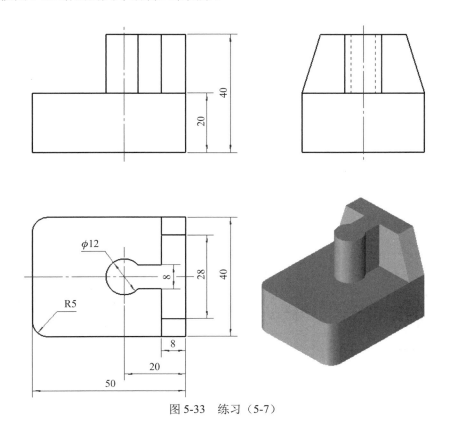

图 5-33 练习（5-7）

（8）按图 5-34 给出的尺寸绘制三维图形。

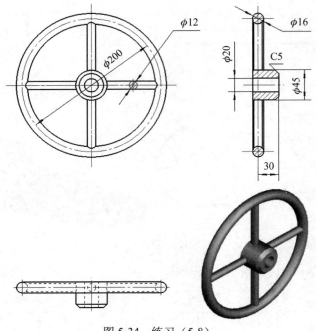

图 5-34　练习（5-8）

（9）按图 5-35 给出的尺寸绘制三维图形。

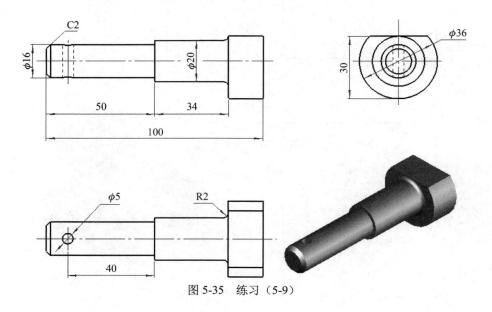

图 5-35　练习（5-9）

（10）按图 5-36 给出的尺寸绘制三维图形。

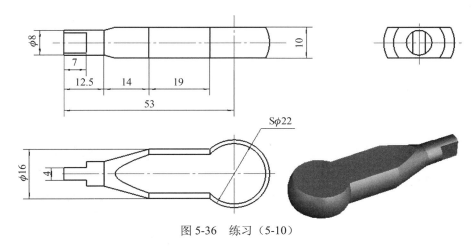

图 5-36　练习（5-10）

（11）按图 5-37 给出的尺寸绘制三维图形。

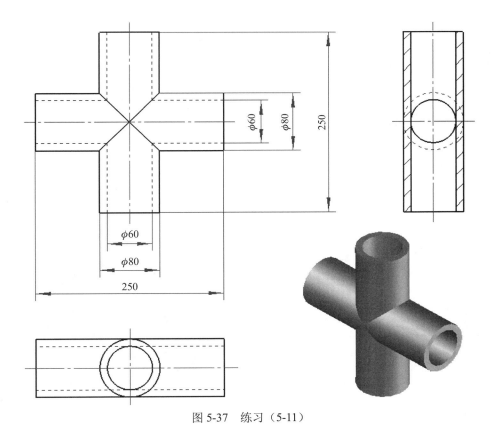

图 5-37　练习（5-11）

（12）按图 5-38 给出的尺寸绘制三维图形。

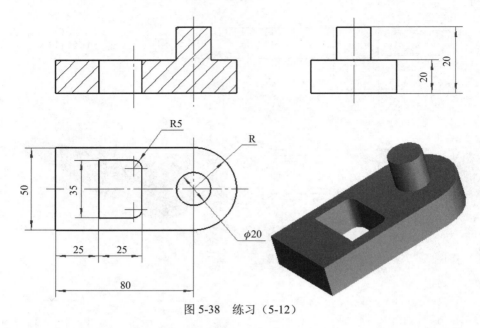

图 5-38　练习（5-12）

（13）按图 5-39 给出的尺寸绘制三维图形。

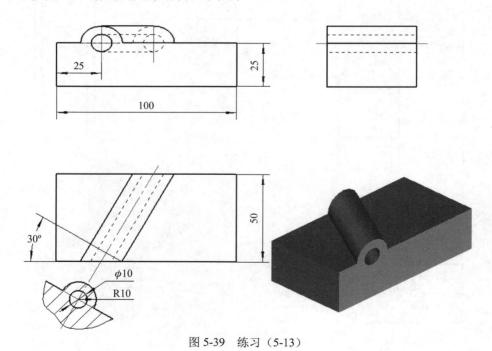

图 5-39　练习（5-13）

（14）按图 5-40 给出的尺寸绘制三维图形。

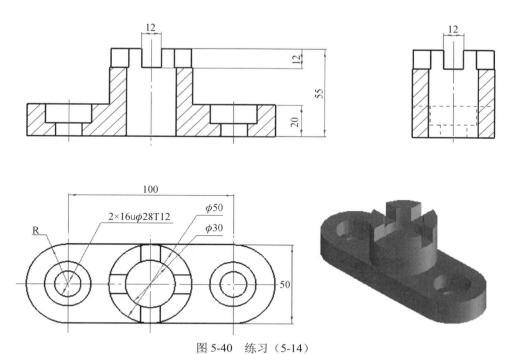

图 5-40　练习（5-14）

（15）按图 5-41 给出的尺寸绘制三维图形。

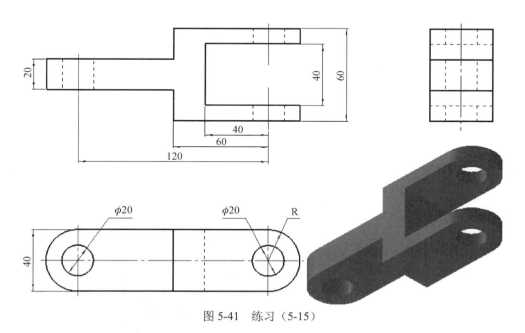

图 5-41　练习（5-15）

（16）按图 5-42 给出的尺寸绘制三维图形。

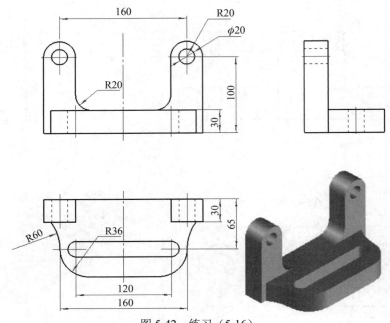

图 5-42　练习（5-16）

（17）按图 5-43 给出的尺寸绘制三维图形。

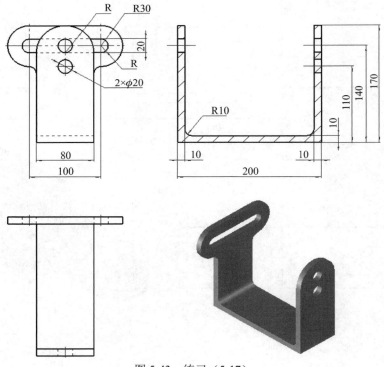

图 5-43　练习（5-17）

（18）按图 5-44 给出的尺寸绘制三维图形。

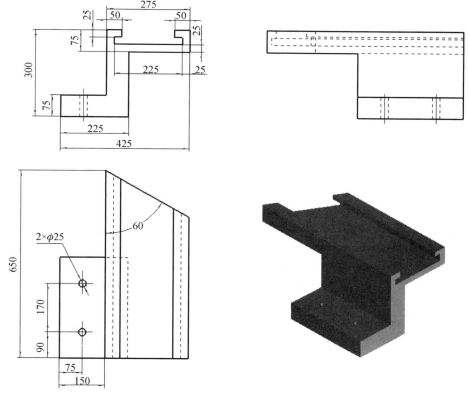

图 5-44　练习（5-18）

（19）按图 5-45 给出的尺寸绘制三维图形。

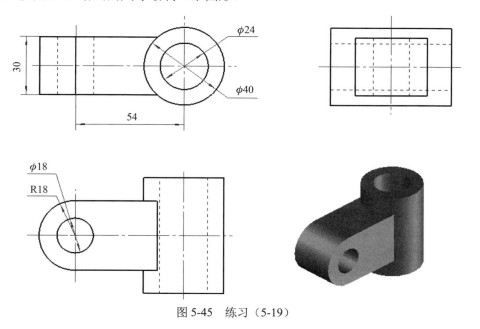

图 5-45　练习（5-19）

（20）按图 5-46 给出的尺寸绘制三维图形。

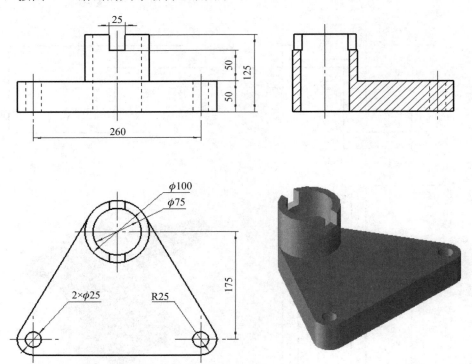

图 5-46　练习（5-20）

第6章 绘制轴测图

机械制图里有一种利用投影法所得的是轴测图，轴测图是具有立体感的二维图形，在 AutoCAD 软件中是在"草图与注释"工作空间用二维绘图命令完成的。轴测图具有很强的立体感，方便没有受过专业培训的人看图，因此轴测图广泛应用于各种说明书中的图示说明。

6.1 绘制正等轴测图

正等轴测图是最通用的轴测图，所有实物都可以绘制成正等轴测图。

6.1.1 平面立体正等轴测图

操作步骤如下：

（1）单击状态栏中的"极轴追踪" 或"对象捕捉" 或"对象捕捉追踪" 按钮右侧的倒置三角形，出现如图 6-1 所示的不同追踪角选择、设置选择项。

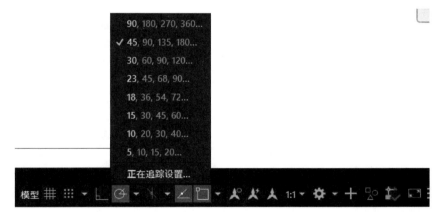

图 6-1 状态栏的"极轴追踪"开关

（2）选择底部正在追踪设置，出现如图 6-2 所示"草图设置"对话框。

（3）选择对话框左上角的"捕捉和栅格"选项卡。

（4）将"捕捉类型"设置成"等轴测捕捉"，如图 6-3 所示。

（5）选择对话框中的"极轴追踪"选项卡。

（6）将"增量角"设置成 30°，如图 6-4 所示。

（7）此时光标变化成非垂直相交，如图 6-5 所示（同时按住 Fn 和 F5 两个键，可以切换不同轴测轴组成光标，也可以打开状态栏中的"等轴测草图" ▎开关）。

（8）在绘图区绘制三条轴测轴，如图 6-6 所示。

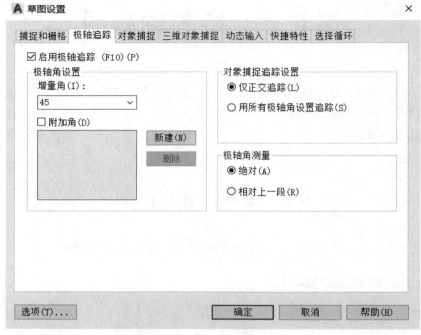

图 6-2 "草图设置"对话框

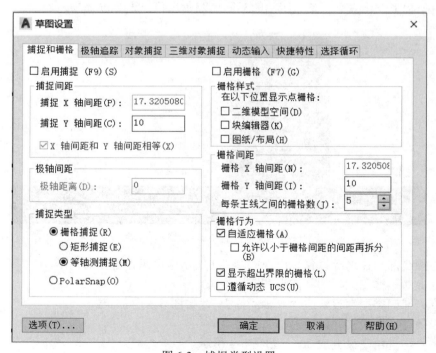

图 6-3 捕捉类型设置

图 6-4　增量角设置

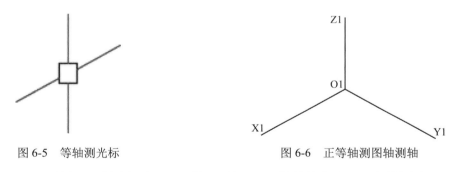

图 6-5　等轴测光标　　　　　　　图 6-6　正等轴测图轴测轴

（9）在 X1O1Y1 所在平面绘制平行于 X1 轴和平行于 Y1 轴的轮廓线，形成封闭图形即底面。

（10）沿 Z1 轴复制底面，移动高度位置形成顶面。

（11）连接底面与顶面之间的轮廓线。

（12）删除不可见轮廓线和轴测轴，修剪被遮挡的轮廓线。

【例 6-1】根据图 6-7（a）所示尺寸，绘制如图 6-7（h）所示长宽高分别为 50、30、20 的长方体。

操作步骤如下：

（1）单击状态栏中的"极轴追踪" 或"对象捕捉" 或"对象捕捉追踪" 按钮右侧的倒置三角形，出现如图 6-1 所示的不同追踪角选择、设置选择项。

（2）选择底部正在追踪设置，出现如图 6-2 所示"草图设置"对话框。

（3）选择对话框左上角的"捕捉和栅格"选项卡。

（4）将"捕捉类型"设置成"等轴测捕捉"，如图 6-3 所示。

（5）选择对话框中的"极轴追踪"选项卡。

绘制长方体的
正等轴测图视频

（6）将"增量角"设置成 30°，如图 6-4 所示。

（7）此时光标变化成非垂直相交，如图 6-5 所示。

（8）在绘图区中绘制三条轴测轴，如图 6-6 所示。

（9）单击"直线"命令图标，从 O1 点出发，沿 X1 轴绘制长方体的长，使用光标导向，键盘输入 50✓，如图 6-7（b）所示。

（10）（继续画直线，不中断命令）从上一步的末端沿平行于 Y1 轴方向绘制宽度，使用光标导向，键盘输入 30✓，如图 6-7（c）所示。

（11）（继续画直线，不中断命令）从上一步的末端沿平行于 X1 轴方向绘制长度，使用光标导向，键盘输入 50✓，如图 6-7（d）所示。

（12）使用光标捕捉 O1 点，✓，完成底面轮廓线，如图 6-7（e）所示。

（13）单击"复制"命令图标，复制底面 4 条边，以 O1 点为基点，沿 Z1 轴向上 20，使用光标导向，键盘输入 20✓形成顶面，如图 6-7（f）所示。

（14）单击"直线"命令图标，连接底面与顶面之间的轮廓线，即侧面四条棱线，如图 6-7（g）所示。

（15）删除不可见轮廓线和轴测轴等辅助线，修剪被遮挡的轮廓线，如图 6-7（h）所示。

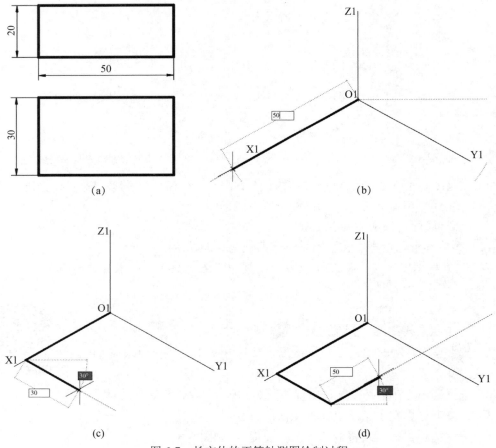

图 6-7　长方体的正等轴测图绘制过程

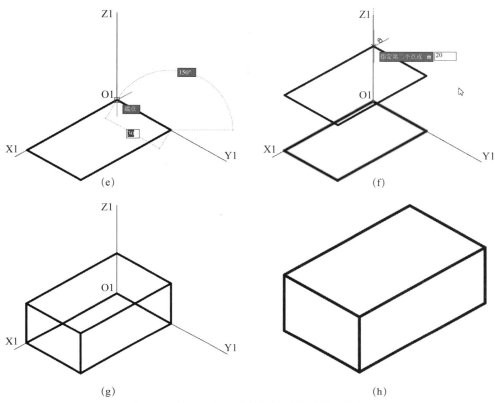

图 6-7　长方体的正等轴测图绘制过程（续）

【**例 6-2**】绘制例 6-1 中长方体被切割的轴测图，如图 6-8 所示，切口长宽高分别为 20、10、20。

绘制切割体的正等
轴测图视频

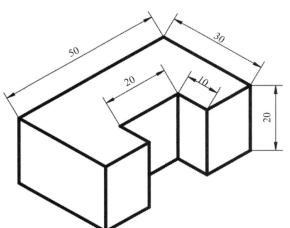

图 6-8　切割长方体的轴测图

操作步骤如下：

（1）重复【例 6-1】中所有步骤（先绘制切割前的轴测图），如图 6-7（h）所示。

（2）单击"直线"命令图标，捕捉顶面最外侧长边的中点，如图 6-9（a）所示。

（3）（继续画直线，不中断命令）从上一步的中点沿平行于 X1 轴方向绘制切口长度，使用光标导向，键盘输入 10↙（从中点出发应该输入半长），如图 6-9（b）所示。

（4）（继续画直线，不中断命令）从上一步的末端沿平行于 Y1 轴方向绘制切口宽度，使用光标导向，键盘输入 10↙，如图 6-9（c）所示。

（5）（继续画直线，不中断命令）从上一步的末端沿平行于 X1 轴方向绘制切口长度，使用光标导向，键盘输入 20↙，如图 6-9（d）所示。

（6）（继续画直线，不中断命令）从上一步的末端沿平行于 Y1 轴方向绘制切口宽度，使用光标导向，键盘输入 10↙，如图 6-9（e）所示。

（7）（继续画直线，不中断命令）从上一步的末端沿平行于 Z1 轴方向绘制切口高度，使用光标导向，键盘输入 20↙（或光标捕捉与底面长边的交点），如图 6-9（f）所示。

（8）单击"复制"命令图标，复制顶面切口轮廓线到底面，如图 6-9（g）所示。

（9）单击"直线"命令图标，连接底面与顶面之间切口的轮廓线，即侧面四条棱线，如图 6-9（h）所示。

（10）删除不可见轮廓线和轴测轴等辅助线，修剪被遮挡的轮廓线，如图 6-9（i）所示。

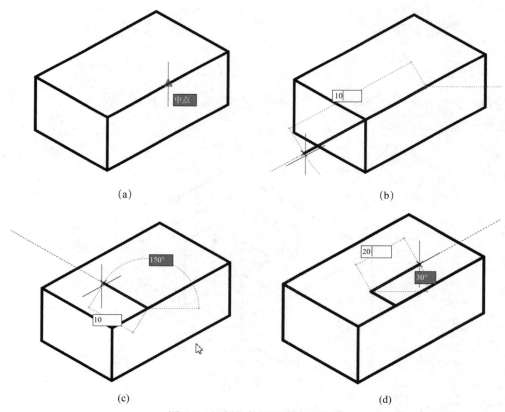

图 6-9　切割体的轴测图绘制过程

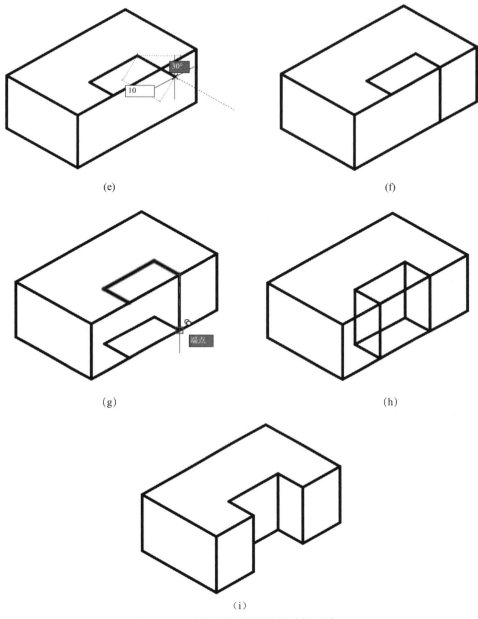

图 6-9　切割体的轴测图绘制过程（续）

【例 6-3】绘制如图 6-10 所示的叠加型组合体的正等轴测图。

操作步骤如下：

（1）重复【例 6-1】中所有步骤（先绘制叠加前的轴测图），如图 6-7（h）所示。

（2）单击"直线"命令图标，捕捉顶面最里侧长边的中点，如图 6-11（a）所示。

（3）（继续画直线，不中断命令）从上一步的中点沿平行于 Z1 轴方向绘制叠加体

绘制叠加型组合体
的正等轴测图视频

141

的高度，使用光标导向，键盘输入 30↙（从中点出发应该输入半长），如图 6-11（b）所示。

（4）（继续画直线，不中断命令）从上一步的末端沿平行于 X1 轴方向绘制叠加体顶面的长度的一半，使用光标导向，键盘输入 10↙，如图 6-11（c）所示。

（5）（继续画直线，不中断命令）从上一步的末端沿平行于 Y1 轴方向绘制叠加体顶面的宽度，使用光标导向，键盘输入 10↙，如图 6-11（d）所示。

（6）（继续画直线，不中断命令）从上一步的末端沿平行于 X1 轴方向绘制叠加体顶面的长度，使用光标导向，键盘输入 20↙，如图 6-11（e）所示。

（7）（继续画直线，不中断命令）从上一步的末端沿平行于 Y1 轴方向绘制叠加体顶面的宽度，使用光标导向，键盘输入 10↙，如图 6-11（f）所示。

（8）光标捕捉顶面最里侧长边的中点，完成叠加体顶面轮廓线的绘制，如图 6-11（g）所示。

（9）单击"直线"命令图标，绘制叠加体的底面轮廓线，先捕捉叠加体底面里侧的一个端点，使用光标导向，键盘输入 10↙，如图 6-11（h）所示。

（10）（继续画直线，不中断命令）从上一步的末端沿平行于 X1 轴方向绘制叠加体底面的长度，使用光标导向，键盘输入 50↙，如图 6-11（i）所示，可得如图 6-11（j）所示图形。

（11）单击"直线"命令图标，连接底面与顶面之间的轮廓线，即侧面 4 条棱线，如图 6-11（k）所示。

（12）删除不可见轮廓线和轴测轴等辅助线，修剪被遮挡的轮廓线，得到如图 6-11（l）所示的最终图形。

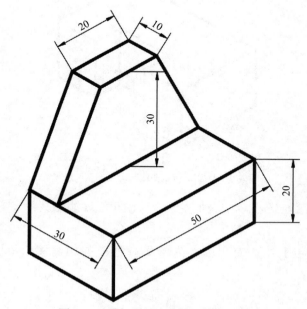

图 6-10　叠加型组合体的正等轴测图

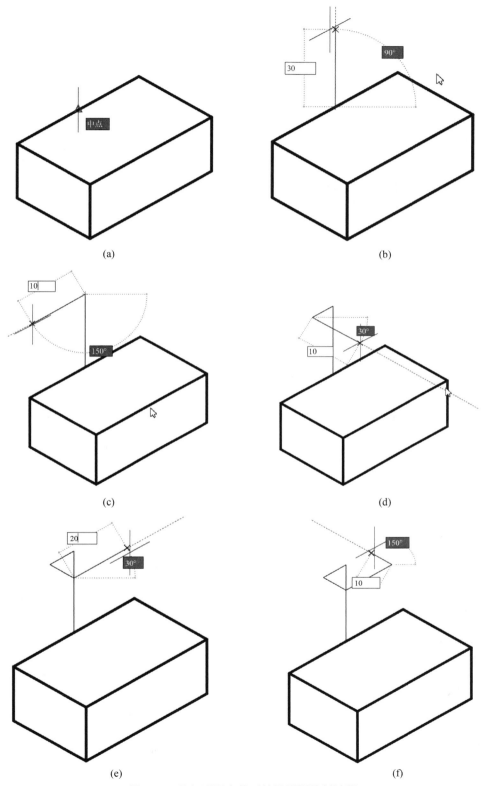

图 6-11 叠加型组合体正等轴测图绘制过程

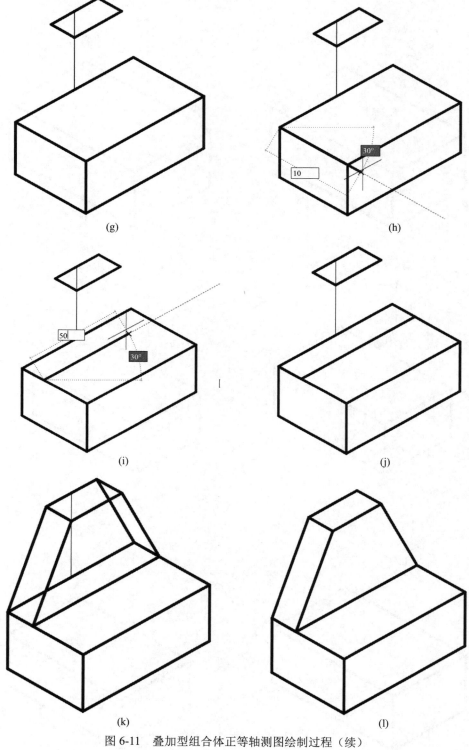

图 6-11　叠加型组合体正等轴测图绘制过程（续）

6.1.2　曲面立体正等轴测图

操作步骤如下：

（1）先绘制平面立体的正等轴测图。

（2）绘制出曲面中心。

（3）用"轴测椭圆"命令绘制正等轴测图上的椭圆（同时按住 Fn 和 F5 两个键，可以切换不同平面上绘制椭圆）。

（4）复制椭圆到指定位置。

（5）绘制两个椭圆的两条外公切线。

（6）删除不可见轮廓线和轴测轴等辅助线，修剪被遮挡的轮廓线，得到最终图形。

绘制曲面立体的
正等轴测图视频

【例 6-4】如图 6-12 所示，绘制曲面立体的正等轴测图。

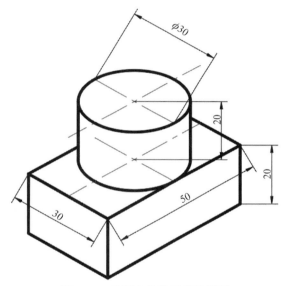

图 6-12　曲面立体的正等轴测图

操作步骤如下：

（1）先绘制平面立体的正等轴测图，如图 6-7（h）所示。

（2）绘制出曲面中心，如图 6-13（a）所示。

（3）单击"轴，端点"模式椭圆命令图标。

（4）指定椭圆轴的端点或［圆弧（A）中心点（C）等轴测圆（I）］：键盘输入"I"✓。

（5）指定等轴测圆的圆心：捕捉第二步中的中心点，如图 6-13（b）所示。

（6）同时按住 Fn 和 F5 两个键，切换到合适的光标，如图 6-13（c）所示。

（7）指定等轴测圆的半径或［直径（D）］：使用光标捕捉端点或键盘输入半径值。

（8）复制椭圆到指定位置，沿 Z1 轴方向，使用光标导向，键盘输入 20✓。

（9）画两个椭圆的两条外公切线，如图 6-13（d）所示。

（10）删除不可见轮廓线和轴测轴等辅助线，修剪被遮挡的轮廓线，得到最终图形，如图 6-13（e）所示。

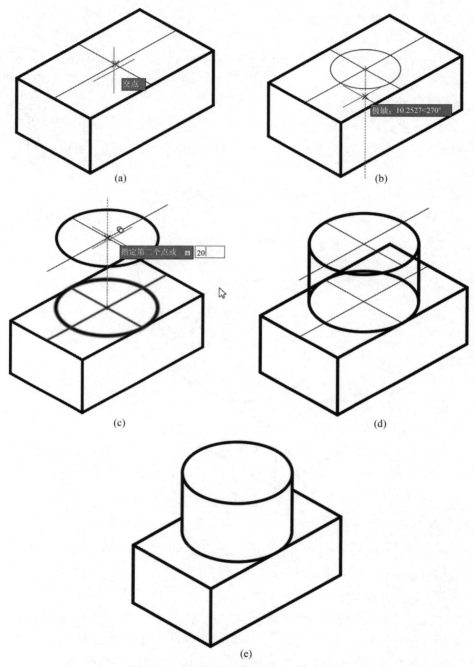

图 6-13　曲面立体正等轴测图的绘制过程

6.2　绘制斜二轴测图

斜二轴测图适用于只有一个方向有圆或圆弧的零件。

操作步骤如下：

（1）单击状态栏中的"极轴追踪" 或"对象捕捉" 或"对象捕捉追踪" 按钮右侧的倒置三角形，出现不同追踪角选择、设置选择项等。

（2）选择底部正在追踪设置，出现 "草图设置"对话框。

（3）选择对话框左上角的"捕捉和栅格"选项卡。

（4）将"捕捉类型"设置成"矩形捕捉"，如图 6-14 所示。

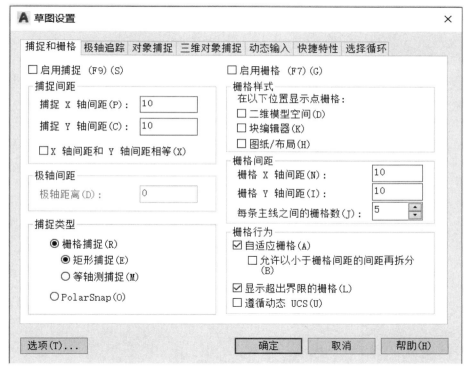

图 6-14　斜二测捕捉类型设置

（5）选择对话框中的"极轴追踪"选项卡。

（6）将"增量角"设置成 45°，如图 6-15 所示。

（7）在绘图区绘制三条轴测轴，如图 6-16 所示。

（8）在 X1O1Z1 所在平面绘制平行于 X1 轴和平行于 Y1 轴的轮廓线，形成封闭图形即后面轮廓线（若已经绘制三视图，则复制主视图即可）。

（9）沿 Y1 轴复制后面轮廓线，复制的位移是宽度的一半，即平行于 Y1 轴方向的所有尺寸乘以 0.5，完成后形成前面轮廓线。

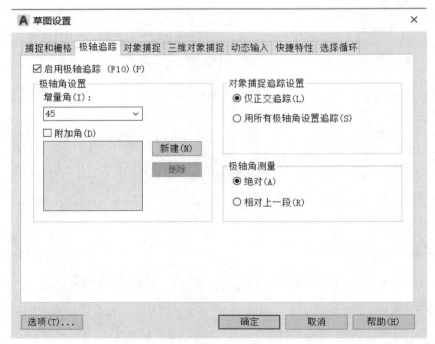

图 6-15　斜二测增量角设置

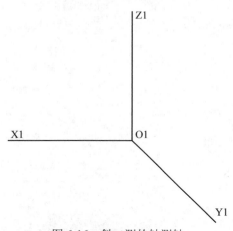

图 6-16　斜二测的轴测轴

（10）连接前面与后面之间的轮廓线，平面立体则捕捉端点画直线，曲面立体则画外公切线。

绘制斜二轴
测图视频

（11）删除不可见轮廓线和轴测轴，修剪被遮挡的轮廓线。

【例 6-5】绘制如图 6-17 所示的斜二轴测图。

操作步骤如下：

（1）单击状态栏中的"极轴追踪" ⊙ 或"对象捕捉" □ 或"对象捕捉追踪" ∡ 按钮右侧的倒置三角形，出现不同追踪角选择、设置选择项等。

（2）选择底部正在追踪设置，出现 "草图设置"对话框。

（3）选择对话框左上角的"捕捉和栅格"选项卡。

（4）将"捕捉类型"设置成"矩形捕捉"，如图 6-14 所示。

（5）选择对话框中的"极轴追踪"选项卡。

（6）将"增量角"设置成 45°，如图 6-15 所示。

（7）在绘图区绘制三条轴测轴，如图 6-16 所示。

（8）先在轴测轴附近绘制图 6-17（a）所示的主视图，然后复制主视图，使圆心与轴测轴原点 O1 点重合，如图 6-18（a）所示。

（9）复制正方形，沿 Y1 轴负向，使用光标导向，键盘输入 5（5 是正方体高度 10 的一半）↙，如图 6-18（a）所示。

（10）复制圆形，沿 Y1 轴正向，使用光标导向，键盘输入 5（5 是圆柱体高度 10 的一半）↙，如图 6-18（b）所示。

（11）连接前面与后面之间的轮廓线，即正方体的 4 条棱线和圆柱体的两条外公切线，如图 6-18（c）所示。

（12）删除不可见轮廓线和轴测轴等辅助线，修剪被遮挡的轮廓线，最终如图 6-17（b）所示。

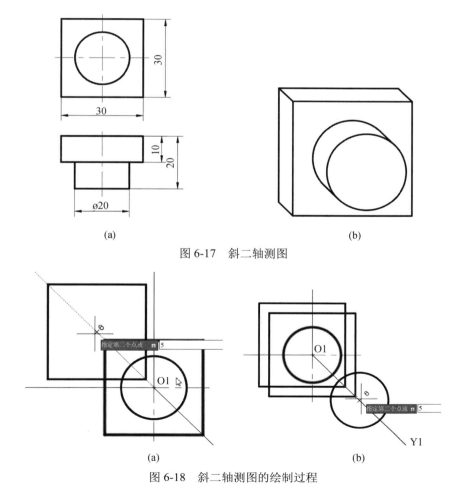

(a)　　　　　　　　　　　　　　　(b)

图 6-17　斜二轴测图

(a)　　　　　　　　　　　　　　　(b)

图 6-18　斜二轴测图的绘制过程

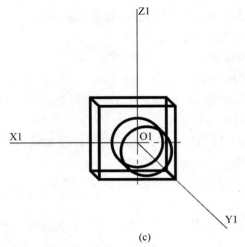

(c)

图 6-18 斜二轴测图的绘制过程（续）

上机练习

（1）根据三视图（图 6-19）画出正等轴测图。

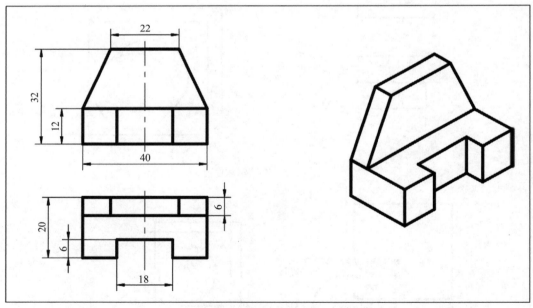

图 6-19 练习（6-1）

（2）根据三视图（见图 6-20）画出正等轴测图。

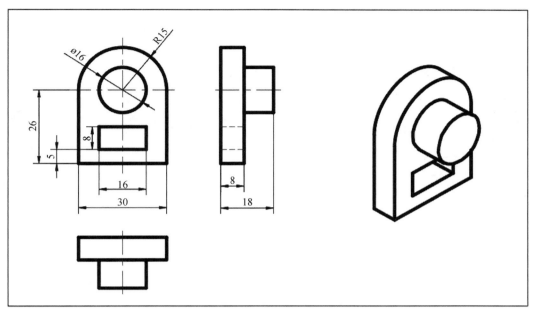

图 6-20 练习（6-2）

（3）根据三视图（见图 6-21）画出斜二轴测图。

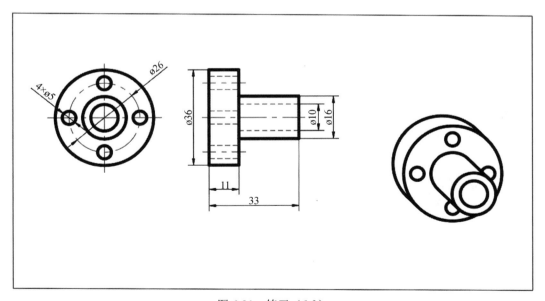

图 6-21 练习（6-3）

（4）根据三视图（见图 6-22）画出斜二轴测图。

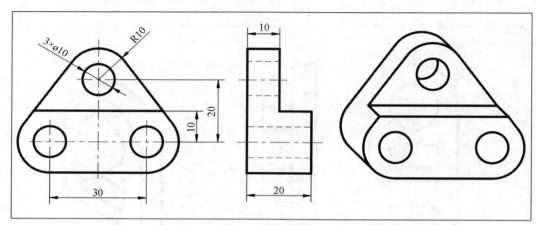

图 6-22　练习（6-4）

第 7 章　多重引线

　　多重引线可以标注各种形式的指引线，在机械制图中带单箭头的局部视图、斜视图、向视图等标注，还有几何公差的被测要素指引线，以及装配图中零部件序号的指引线都可以用"多重引线"命令完成。

　　"多重引线"命令位于 AutoCAD 功能区的"注释"功能区，如图 7-1 所示。

图 7-1　"注释"功能区

7.1　多重引线样式

　　单击"注释"右侧倒置三角形，出现如图 7-2 所示选择项，单击"多重引线样式"命令图标 ，出现如图 7-3 所示"多重引线样式管理器"对话框，可以进行多重引线样式设置。

图 7-2　"多重引线样式"命令

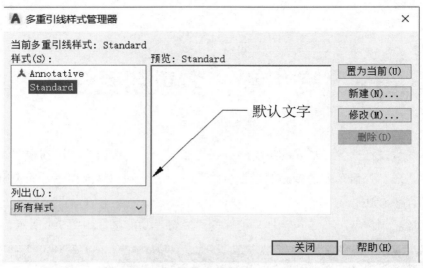

图 7-3　"多重引线样式管理器"对话框

7.1.1　单箭头引线样式

操作步骤如下：

（1）在"多重引线样式管理器"对话框中，单击"新建"按钮。

（2）在打开的对话框中，设置"新样式名"为"单箭头"，如图 7-4 所示。

（3）单击"继续"按钮，出现"修改多重引线样式：单箭头"对话框，如图 7-5 所示。

（4）选中"引线格式"选项卡，进行设置：颜色、线型、线宽都设为"ByLayer"，"箭头"→"符号"设为"实心闭合"，"箭头"→"大小"设为"3"，其余默认值，如图 7-6 所示。

（5）选中"引线结构"选项卡，进行设置："设置基线距离"设为"0"，其余默认值，如图 7-7 所示。

（6）选中"内容"选项卡，进行设置："多重引线类型"设为"无"，如图 7-8 所示。

（7）单击"确定"按钮，结束设置。

（8）单击"关闭"按钮，退出"多重引线样式管理器"对话框。

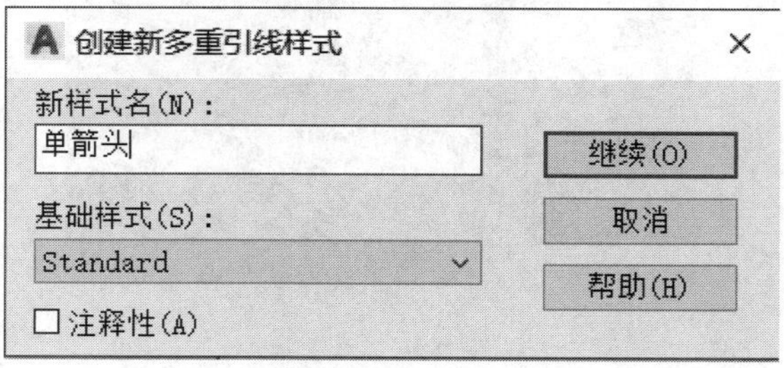

图 7-4　新建"单箭头"多重引线样式

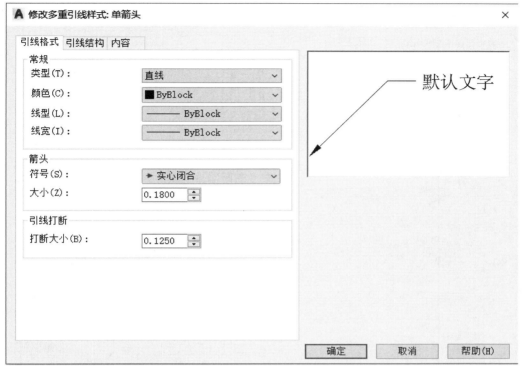

图 7-5 "修改多重引线样式：单箭头"对话框

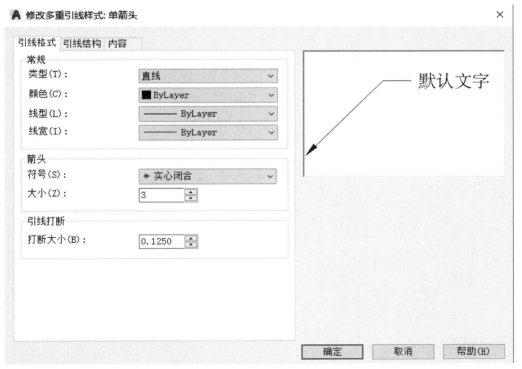

图 7-6 单箭头的引线格式设置

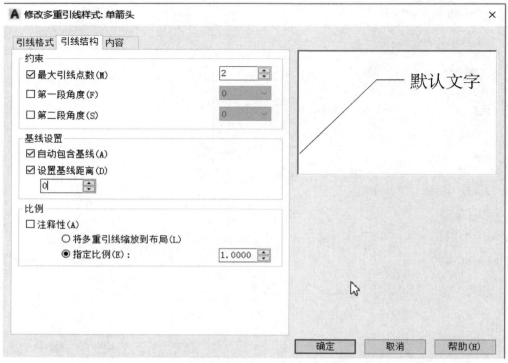

图 7-7　单箭头的引线结构设置

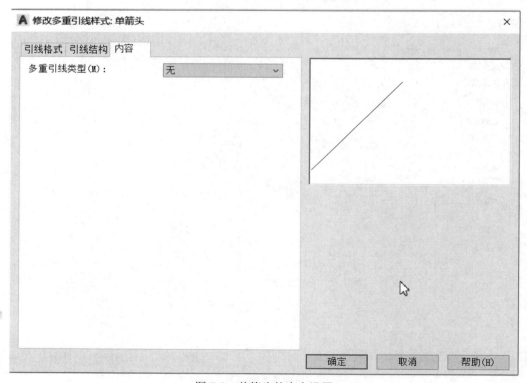

图 7-8　单箭头的内容设置

7.1.2　几何公差指引线样式

几何公差指引线是指几何公差中被测要素的箭头指引线。

操作步骤如下：

（1）在"多重引线样式管理器"对话框中，单击"新建"按钮。

（2）在打开的对话框中，"新样式名"设为"几何公差指引线"，"基础样式"选择"单箭头"，如图 7-9 所示。

（3）单击"继续"按钮，出现"修改多重引线样式：几何公差指引线"对话框。

（4）选中"引线结构"选项卡，进行设置："设置基线距离"设为"8"，其余默认值，如图 7-10 所示。

（5）单击"确定"按钮，结束设置。

（6）单击"关闭"按钮，退出"多重引线样式管理器"对话框。

图 7-9　新建"几何公差指引线"多重引线样式

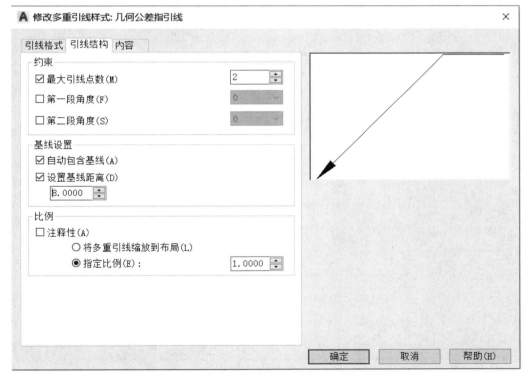

图 7-10　"几何公差指引线"的引线结构设置

7.1.3　几何公差基准符号样式

几何公差基准符号是指基准要素指引线。

操作步骤如下：

（1）在"多重引线样式管理器"对话框中，单击"新建"按钮。

（2）在打开的对话框中，"新样式名"设为"几何公差基准符号"，"基础样式"选择"单箭头"，如图 7-11 所示。

（3）单击"继续"按钮，出现"修改多重引线样式：几何公差基准符号"对话框。

（4）选中"引线格式"选项卡，进行设置："箭头"→"符号"设为"实心基准三角形"，其余不变，如图 7-12 所示。

（5）单击"确定"按钮，结束设置。

（6）单击"关闭"按钮，退出"多重引线样式管理器"对话框。

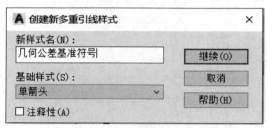

图 7-11　新建"几何公差基准符号"多重引线样式

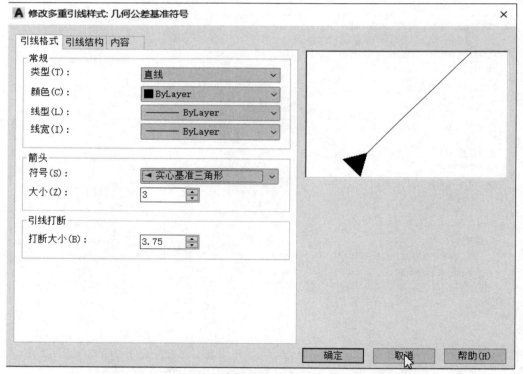

图 7-12　"几何公差基准符号"的引线格式设置

7.1.4　零部件序号样式

操作步骤如下：

（1）在"多重引线样式管理器"对话框中，单击"新建"按钮。

（2）在打开的对话框中，"新样式名"设为"零部件序号指引线"，"基础样式"选择"几何公差指引线"，如图 7-13 所示。

（3）单击"继续"按钮，出现"修改多重引线样式：零部件序号指引线"对话框。

（4）选中"引线格式"选项卡，进行设置："箭头"→"符号"设为"点"，"箭头"→"大小"设为"1"，其余为默认值，如图 7-14 所示。

（5）单击"确定"按钮，结束设置。

（6）单击"关闭"按钮，退出"多重引线样式管理器"对话框。

图 7-13　新建"零部件序号指引线"多重引线样式

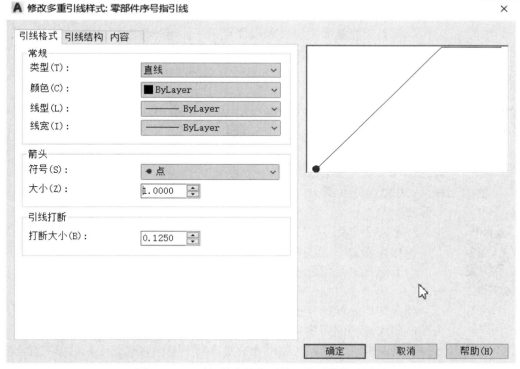

图 7-14　"零部件序号指引线"的引线格式设置

7.2　多重引线标注

7.2.1　标注多重引线

操作步骤如下：

（1）选择需要的多重引线样式，置为当前。

（2）单击"引线"命令图标 。

（3）指定引线箭头的位置或［引线基线优先（L）内容优先（C）选项（O）］：（说明：使用光标指定箭头始端位置）。

（4）指定引线基线的位置：↙（说明：使用光标指定引线末端位置）。

【例 7-1】绘制如图 7-15 所示箭头，箭头长 3 毫米，总长约 8 毫米。

图 7-15　单箭头的绘制

操作步骤如下：

（1）选择"单箭头"多重引线样式，置为当前。

（2）单击"引线"命令图标 。

（3）使用光标指定箭头末端位置（使用光标在指定位置单击）。

（4）使用光标指定引线末端位置↙（使用光标水平导向，当动态距离显示 8 毫米左右时单击左键，此时箭头和细实线总长约 8 毫米）。

绘制单箭头
视频

【例 7-2】如图 7-16 所示，标注几何公差指引线。

操作步骤如下：

（1）选择"几何公差指引线"多重引线样式，置为当前。

（2）单击"引线"命令图标 。

（3）使用光标捕捉粗实线上一点，即箭头末端位置（在标注多重引线前先绘制粗实线和剖面线）。

标注几何公差
指引线视频

（4）使用光标指定引线末端位置↙（使用光标垂直向上导向，在指引线 90 度转折处单击左键，再按回车键）。

【例 7-3】如图 7-17 所示，标注几何公差基准符号。

操作步骤如下：

（1）选择"几何公差基准符号"多重引线样式，置为当前。

（2）单击"引线"命令图标 。

（3）使用光标捕捉粗实线上一点，即箭头末端位置（在标注多重引线前先绘制粗实线和剖面线）。

绘制几何公差
基准符号视频

（4）使用光标指定引线末端位置↙（使用光标垂直向上导向，在长度超过黑三角形高度位置单击左键，再按回车键）。

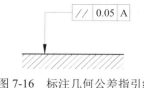

图 7-16　标注几何公差指引线

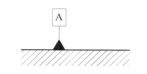

图 7-17　标注几何公差基准符号

【例 7-4】如图 7-18 所示，标注零部件序号。

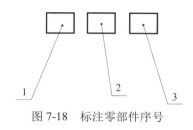

图 7-18　标注零部件序号

标注零部件序
号指引线视频

操作步骤如下：

（1）选择"零部件序号指引线"多重引线样式，置为当前。

（2）单击"多重引线"命令图标 。

（3）使用光标单击代表三个零件的矩形内一点，即黑点所在位置（在标注多重引线前应先绘制代表零件的几何图形，即图 7-18 中的三个粗实线矩形）。

（4）使用光标指定引线末端位置↙（使用光标导向，在图 7-18 中引线转折处位置单击左键，再按回车键，引线的水平线段长度不需要使用光标选中，而是在多重引线样式中设置基线距离来控制其长度）。

7.2.2　多重引线对齐

机械制图标准规定装配图中的零部件序号指引线必须水平对齐和竖直对齐，而标注多重引线时很难保证所有的引线对齐，因此，需用"对齐"命令将所有引线对齐。

操作步骤如下：

（1）单击"引线"命令图标 右侧的倒置三角形，出现如图 7-19 所示选项。

（2）选中"对齐"命令图标 。

（3）选择多重引线：↙（说明：选择同一个方向所有需要对齐的引线）。

（4）选择要对齐到的多重引线或［选项（O）］：（说明：选择要对齐到的引线，即基准引线）。

（5）指定方向：（说明：使用光标导向，指定对齐方向）。

【例 7-5】将图 7-18 所示引线水平对齐，对齐后如图 7-20 所示。

操作步骤如下：

（1）单击"对齐"命令图标 。

图 7-19　多重引线对齐命令

（2）选择多重引线：选中 1、2、3 三条引线✓。

（3）选择要对齐到的多重引线或［选项（O）］：选中 1 号引线。

（4）使用光标水平导向，单击任意一点。

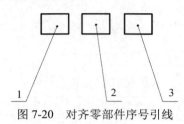

图 7-20 对齐零部件序号引线

上机练习

1. 用多重引线标注倾斜 45°，方向向下的单箭头。

2. 用多重引线标注几何公差被测要素指引线和基准符号，如图 7-16 和图 7-17 所示。

3. 用多重引线标注零件序号，水平序号 1～3，竖直序号 3～5，要求水平方向对齐，竖直方向也对齐，序号要按逆时针依次编号，序号字高为 5，如图 7-21 所示。

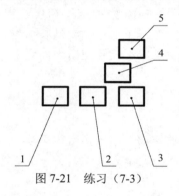

图 7-21 练习（7-3）

第8章　图块

"块"是一组复杂对象的组合，对于在绘图过程中反复出现的"图形组合"，可以将它们定义成一个块，在需要的位置插入，插入时可以指定不同的比例系数和旋转角度。如机械制图中的表面粗糙度、基准符号、标题栏、明细栏、图块等都可以设成"块"。电气专业中的电阻、电源、控制器等电路图中的电子元件也可以设成"块"。建筑平面设计中的床、窗户、洗脸池等也同样可以设成"块"。

块操作的所有命令位于"块"功能区，如图 8-1 所示。

图 8-1　"块"功能区

8.1　创建块

将特定的图形组合变成块的过程，就是创建块。

创建块的操作步骤如下：

（1）绘制图形或编写文字。

（2）单击"创建块"命令图标 ，AutoCAD 弹出"块定义"对话框，如图 8-2 所示。各项含义如下：

①"名称"：在方框中输入新创建的图块名称。

②"基点"：单击"拾取点"按钮，返回图形，选择插入的基点。也可以在 X、Y、Z 后的方框内输入插入基点的坐标值。

③"对象"：单击"选择对象"按钮，返回图形中选择用于创建图块的对象。其后续选项的含义分别为："保留"，从选择对象中生成块后，所选对象不转化为块，即图形中所用于创建块的图形对象，在图形中仍保留原样，不成为块图形；"转换为块"，从选择对象中生成块后，所选对象转化为块；"删除"，从选择对象中生成块后，删除所选对象。

④"设置"：选择图块插入的单位。

⑤"方式"：包括"注释性""按统一比例缩放""允许分解"。"注释性"，按注释性比例进行插入；"按统一比例缩放"，通过点选来确定在插入图块时是否按统一比例缩放；"允许分解"，指定插入图块时是一个整体还是分解成多个几何元素。

⑥"说明"：与块有关系的说明。

注意：①用"创建块"命令定义的块是内部块，即它只保存在当前的图形文件中，且只能在当前图形文件中用"块插入"命令引用，不能在其他图形文件中使用。若要在其他图形文件中使用，必须用"块存盘"命令存为图形文件。

②图块可以嵌套定义，即在块成员中可以包含插入的其他块。

图 8-2 "块定义"对话框

创建图块视频

【例 8-1】创建如图 8-3 所示的表面粗糙度符号的图块（粗糙度符号的绘制过程详见第 9 章）。

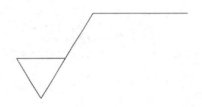

图 8-3 表面粗糙度符号

操作步骤如下：

（1）绘制如图 8-3 所示的表面粗糙度符号图形。

（2）单击"创建块"命令图标 ，AutoCAD 弹出如图 8-2 所示的"块定义"对话框，在"名称"方框中输入块名"粗糙度符号"，如图 8-4 所示。

图 8-4 新建"粗糙度符号"图块

（3）单击"拾取点"按钮，返回图形中选择图形的最下方顶点作为基点，如图 8-5 所示，单击"选择对象"按钮，返回绘图界面选择整个图形，按回车键，返回对话框，选择"转换为块"选项，其余选项不变，单击"确定"按钮，则创建了一个形状如图 8-3 所示，名称为"粗糙度符号"的图块。

（4）单击"插入块"命令图标，弹出"插入"对话框，在"名称"栏中可以找到新建的"粗糙度符号"图块，表明创建新图块已经成功。

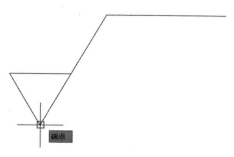

图 8-5 选图块基点

8.2 块存盘

图块创建后储存在当前图形文件中，一旦退出系统或退出文件，其定义也会随之消失。要想长期保留这些定义的图块，以便于在其他图形中使用，就应该使用"块存盘"命令将其保存到硬盘中。

"块存盘"的命令使用如下所述：

在命令行中输入"WBLOCK"命令后，弹出"写块"对话框，如图 8-6 所示。对话框中各选项操作如下：

（1）"源"：设置要保存的块文件或图形文件。该选项组有 3 个选项。

①块：选择已有的块，可从下拉列表中选取。

②整个图形：将当前整个图形文件作为一个块存盘。

③对象：新建一个块，即将当前图形中指定的图形对象命名存盘。

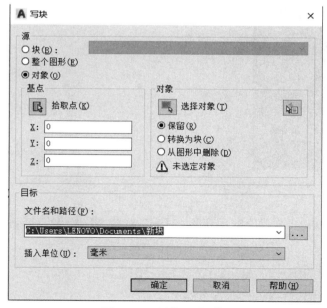

图 8-6 "写块"对话框

（2）"基点"：同"块定义"对话框中的"基点"。

（3）"对象"：同"块定义"对话框中的"对象"。

（4）目标：设置图块的文件名、存放路径、插入单位。

图块被定义后，若需要更新，可采用以下操作：

（1）插入要修改的块或使用图中已存在的块。

（2）用 EXPLODE 命令将块分解，使之成为独立的对象。

（3）按新图块图形要求修改旧图块图形。

（4）执行 BMAKE 或 BLOCK 命令，选择新图块图形作为块定义选择对象，给出与块分解前相同的名字。

（5）完成此命令后会出现警告框，提示图块已定义，是否重定义？单击"是"按钮确定，则旧图块被重新定义，且图中所有对该块的引用在重新打开图形文件时会自动修改更新。

8.3 插入块

插入图块视频

"块存盘"的操作步骤如下：

（1）单击"插入块"命令图标 ，出现快捷选项，如图 8-7 所示。

（2）选择块，如选中"粗糙度符号"，则光标带着"粗糙度符号"图块的图形，让绘图者以光标所在点插入图块，如图 8-8 所示，同时命令行出现提示，如图 8-9 所示，可以在命令行中输入各选项代号（即括号中的英文字母）来设置被插入的块的一些特性参数。

图 8-7 插入块的快捷选项

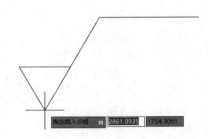

图 8-8 光标提示图块插入点

-INSERT 指定插入点或 [基点(B) 比例(S) X Y Z 旋转(R) 分解(E) 重复(RE)]:

图 8-9 插入块命令行提示

（3）选最近使用的块，则 AutoCAD 2021 工作界面右下角弹出"插入块"设置框，如图 8-10（a）所示。底部插入选项的含义如下。

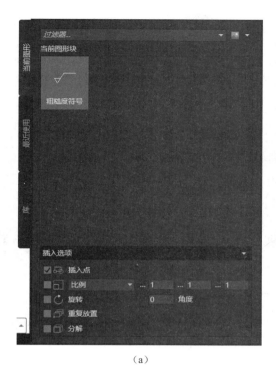

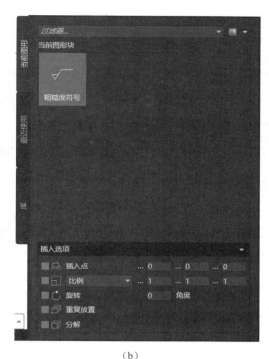

（a）　　　　　　　　　　　　　　（b）

图 8-10　"插入块"设置框

①插入点：指定图块的插入位置。若"插入点"前面方框勾选上，则表示在屏幕上指定，通过光标指定插入点。不勾选，则在其右侧输入 X、Y、Z 的坐标值，如图 8-10（b）所示。

②比例：设置图块插入后的比例。前面方框勾选上则表示由绘图时以命令行输入比例，点开黑色倒置三角形，选中统一比例，则表示 X、Y、Z 三个方向的比例相同，反之不同。不勾选则在其右侧方框中通过键盘输入比例值设置 X、Y、Z 三个方向的比例，可以相同，也可以不相同。

③旋转：设置图块插入后的旋转角度，前面方框勾选上则表示在屏幕中由光标指定旋转角度，不勾选则需要在其右侧输入角度值，正值为逆时针旋转，负值为顺时针旋转。

④重复放置：可以重复插入选中的块，节约绘图时间。

⑤分解：勾选表示选中的块插入后被分解。去掉勾选则表示块插入后不分解。

8.4　创建图块属性

创建图块时，在图块上附属一些文字说明及其他信息，以便我们在插入图块时，连同图块和属性一起插入到图形中。附属到图块上的文字说明及其他信息叫块属性。

操作步骤如下：

（1）点开"块"功能区底部的黑色倒置三角形，如图 8-11 所示，单击

创建图块属性
视频

"定义属性"命令图标 ![icon]，弹出"属性定义"对话框，如图 8-12 所示。

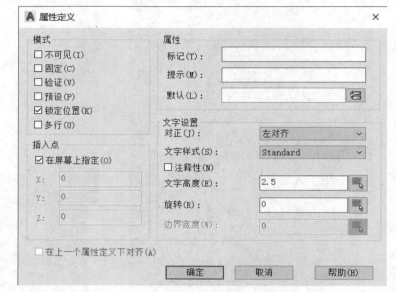

图 8-11 "定义属性"图标位置　　　　　图 8-12 "属性定义"对话框

（2）设置属性定义各选项。

①"模式"：可以通过不可见、固定、验证、预设、锁定位置、多行 6 个模式选项来选择图块的模式。

②"属性"：有标记、提示、默认 3 个属性输入框，通过输入一些数据来确定图块的属性。

③"插入点"：在屏幕上指定，如果勾选该项，则表示插入点由光标在屏幕上指定，不勾选该项，则插入点位置由键盘输入 X、Y、Z 三个方向的坐标值。

④"文字设置"：通过对正、文字样式、文字高度、旋转等选项的选择，来设置定义属性的文字特征。

注意：图块的属性是图块固有的特性，常用在形状相同而性质不同的图形中，如标高、标题栏、不同值的表面粗糙度等。

【例 8-2】创建如图 8-3 所示带属性的表面粗糙度符号的图块（粗糙度符号的绘制过程详见第 9 章）。

操作步骤如下：

（1）绘制如图 8-3 所示的表面粗糙度符号图形。

（2）单击"定义属性"命令图标 ![icon]，在打开的对话框的"属性"的"标记"处输入"R"（任意字母都可以，识别用）；"文字设置"中"对正"方式设为"左对齐"，"文字样式"选合适样式，"文字高度"设为"2.5"或"3.5"，与机械制图标准一致，"旋转"角度设为"0"，最后属性设置如图 8-13 所示，单击"确定"按钮，退出对话框。

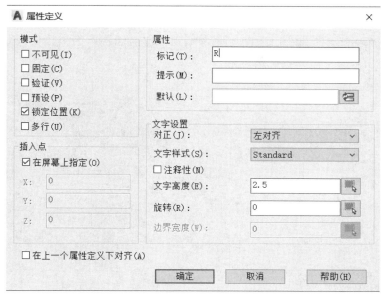

图 8-13　属性定义

（3）在屏幕上要求输入文字属性的位置指定起点，如图 8-14 所示，单击，得图形如图 8-15 所示。

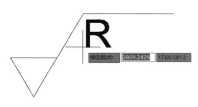

图 8-14　指定文字属性位置

图 8-15　属性定义后图形

（4）单击"创建块"命令图标 ▣，弹出"块定义"对话框。在"名称"框中输入块名"属性块-粗糙度符号"，如图 8-16 所示。

图 8-16　新建"属性块-粗糙度符号"图块

（5）单击"拾取点"按钮，在屏幕上捕捉粗糙度符号底下端点，如图 8-17 所示。

（6）单击"选择对象"按钮，在屏幕上用窗口选择方式选中图形和属性文字，如图 8-18 所示，按回车键，返回"块定义"对话框。

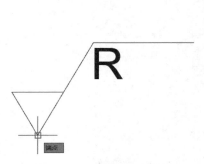

图 8-17　拾取属性块基点

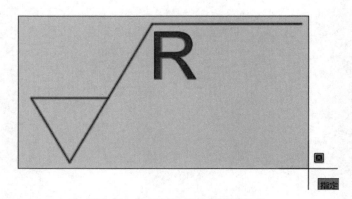

图 8-18　选择属性块的图形和文字

（7）选择"按统一比例缩放"选项，如图 8-19 所示。

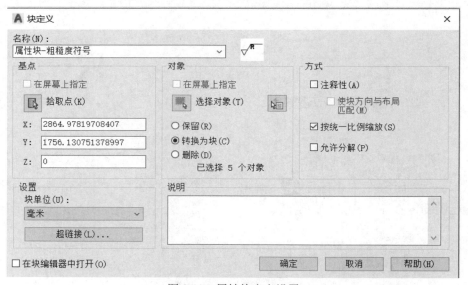

图 8-19　属性块定义设置

插入带属性
图块视频

（8）单击"确定"按钮，弹出"编辑属性"对话框，如图 8-20 所示。单击"确定"按钮，结束操作。

（9）执行"插入块"命令，选择"属性块—粗糙度符号"，使用光标指定插入点。接着弹出如图 8-20 所示"编辑属性"对话框，在第一行中输入"Ra3.2"，如图 8-21 所示。最后屏幕上粗糙度符号如图 8-22 所示。以此类推，可以插入不同粗糙度值的表面粗糙度符号。

图 8-20　"编辑属性"对话框

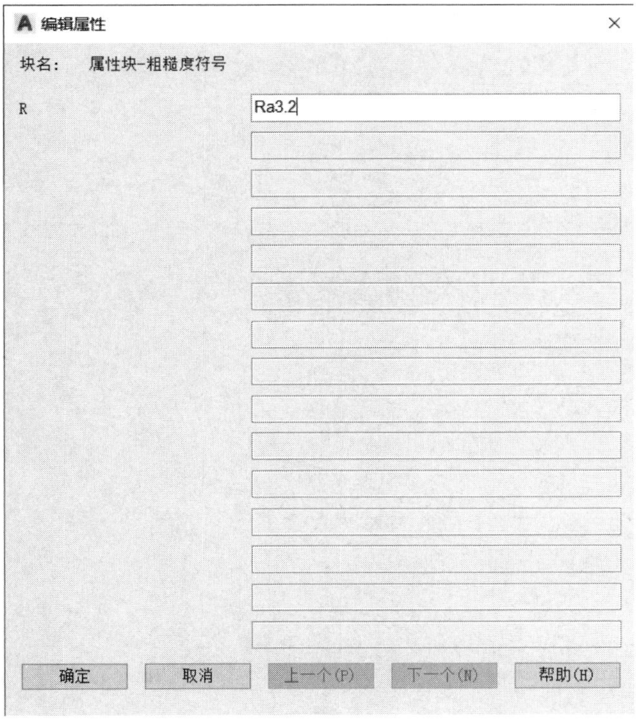

图 8-21　属性值的设置

图 8-22　插入属性块的结果

8.5　编辑图块属性

利用"编辑图块属性"命令可以对图块的属性参数进行修改，只对属性图块有效，不带属性的图块此命令无效。

操作步骤如下：

（1）单击"编辑图块属性"命令图标 ，选择块，再选中带属性的块，弹出"增强属性编辑器"对话框，如图 8-23 所示。

（2）"属性"设置，对图块的变量属性进行修改。分别列出了标记、提示、值这三个属性。能修改的是图块的属性值，而标记和提示则不能修改。如"值"框中输入"Ra6.3"，如图 8-24 所示，单击"确定"按钮，退出对话框，屏幕上图块发生变化，如图 8-25 所示。

（3）"文字选项"设置，对图块的文字属性进行修改，如图 8-26 所示。在"文字选项"选项卡中分别列出了文字样式、对正、反向、倒置、高度、宽度因子、旋转和倾斜角度这几个图块中的文字属性，绘图时可以根据需要对这几个图块中的文字属性值进行修改。

（4）"特性"设置，对图块属性中的特征属性进行修改，如图 8-27 所示。在"特性"选项卡中，分别列出了图层、颜色、线型、线宽和打印样式这几个属性，绘图时可以根据需要对属性所在图层、颜色、线型、线宽等进行修改。

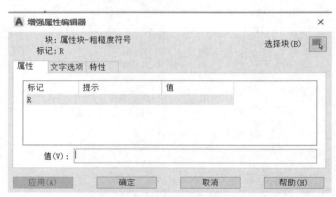

图 8-23　"增强属性编辑器"对话框

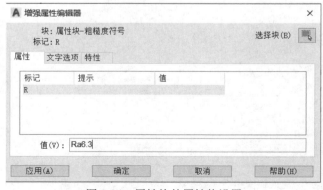

图 8-24　属性块的属性值设置

图 8-25　属性块图形变化

图 8-26　"文字选项"设置

图 8-27　"特性"设置

上机练习

（1）创建如图 8-3 所示的图块，其尺寸应符合国家标准。

（2）创建属性图块，并插入图块，使其表面粗糙度值分别为 Ra3.2、Ra6.3、Ra12.5，可参考图 8-22，粗糙度值字高 2.5，左对齐。

第 9 章 绘制专业图

不同行业对绘图要求也不同，因此，绘制专业图主要是针对不同行业的不同设置（如机械行业的尺寸线，其箭头形式为实心闭合，而建筑行业的箭头形式为斜线），然后快速绘图的。本章节以机械行业的制图为例进行绘图讲解。

9.1 绘制专业图的步骤

绘制专业图的步骤如下：

（1）设置样图（同一行业样图只需设置一次，因此个人 PC 设置一次即可，之后使用可以直接调用）。

（2）打开样图。

（3）绘制视图。

（4）标注尺寸。

（5）编写文字。

（6）填写标题栏。

9.1.1 设置样图

设置样图视频

操作步骤如下：

1. 第一步：新建文件

（1）单击"新建文件"图标 ![图标]，在"文件名"框中输入"acad"，如图 9-1 所示。

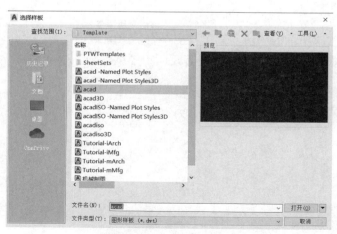

图 9-1 新建文件选择样板

（2）单击"打开"按钮，出现 AutoCAD 2021 工作界面，如图 9-2 所示。

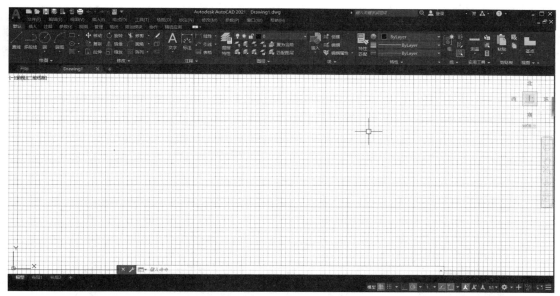

图 9-2　新建文件初始界面

2. 第二步：常用习惯设置

（1）状态栏设置，如图 9-3 所示，打开"极轴追踪""对象捕捉追踪""对象捕捉""线宽"四个开关，其他关闭。

（2）单位设置，点开下拉式菜单中"格式"→"单位"，出现"图形单位"对话框，设置前如图 9-4 所示，设置后如图 9-5 所示。

图 9-3　状态栏设置

图 9-4　"图形单位"对话框（设置前）

图 9-5　"图形单位"对话框设置后

（3）图层设置，如图 9-6 所示（具体设置过程参见第 1 章），创建常用的线型、尺寸和文字等图层（图层的线型和线宽应符合相关国家标准 GB/T 14665—2012）。

（4）文字样式设置，如图 9-7 所示（具体设置过程参见第 1 章），新建"汉字"和"数字和字母"两种字体，零件图和装配图中的标题栏里签名一栏空格很小，三个中文字的姓名签字会超出框格，因此可以再增设一种"细长汉字"字体，为了方便标注特殊尺寸，还可以新建"特殊符号"文字样式。

（5）尺寸标注样式设置，根据机械制图有关规定创建符合制图标准的"直线""直径""角度"等标注样式，如图 9-8 所示（具体设置过程参见第 4 章）。

（6）多重引线样式设置，如图 9-9 所示（具体设置过程参见第 7 章），创建"单箭头""几何公差基准符号""几何公差指引线""零件序号指引线"等样式。

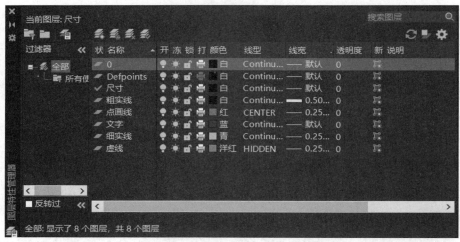

图 9-6　图层设置

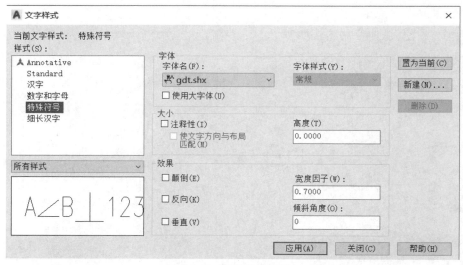

图 9-7　文字样式设置

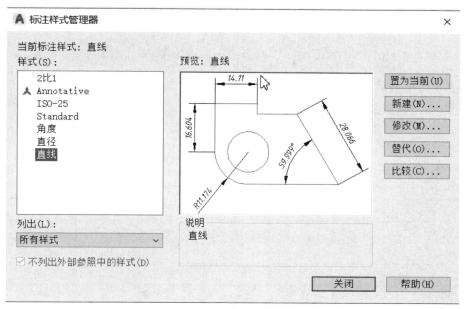

图 9-8　尺寸标注样式设置

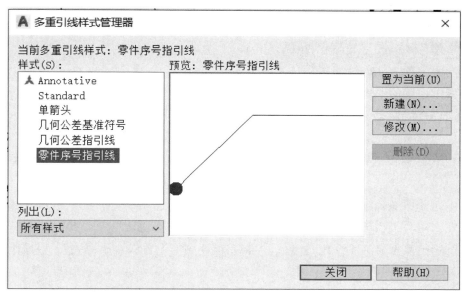

图 9-9　多重引线样式设置

3. 第三步：绘制常用图形和文字

（1）表面粗糙度。表面粗糙度符号应符合机械制图标准 GB/T 131—2006［产品几何技术规范（GPS）技术产品文件中表面结构的表示法］。表面粗糙度符号如图 9-10 所示，符号大小如表 9-1 所示。

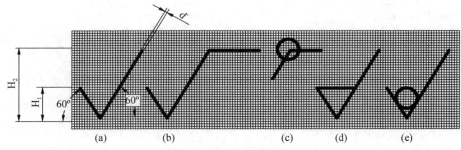

图 9-10　表面粗糙度符号

表 9-1　表面粗糙度符号大小

数字与字母的高度 h	2.5	3.5	5	7	10	14	20
符号宽度 d'	0.25	0.35	0.5	0.7	1	1.4	2
字母线宽							
高度 H_1	3.5	5	7	10	14	20	28
高度 H_2（最小值）	7.5	10.5	15	21	30	42	60

绘图步骤（绘图所在图层为尺寸或细实线层）如下：

①先画 10mm 长的直线，如图 9-11（a）所示。

②向上偏移 3.5mm，如图 9-11（b）所示。

③再向上偏移 7.5mm，如图 9-11（c）所示。

④将极轴追踪的"增量角"设置成 30°，如图 9-11（d）所示。

⑤单击"直线"命令图标 ，使用光标捕捉中间线段的左端点，如图 9-11（e）所示。

⑥使用光标捕捉追踪线与最低线段的交点，如图 9-11（f）所示。

⑦使用光标捕捉追踪线与最高线段的交点，如图 9-11（g）所示，↙（结束"直线"命令）。

⑧删除、修剪多余线条，将最高线段预留约 8mm 长，如图 9-11（h）所示。

⑨在左上角写上粗糙度值（字高 2.5），如图 9-11（i）所示。

⑩复制粗糙度符号（不含粗糙度值），将粗糙度图形设置成"属性块"（块操作过程详见第 8 章）。

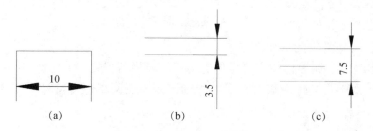

图 9-11　表面粗糙度绘制过程

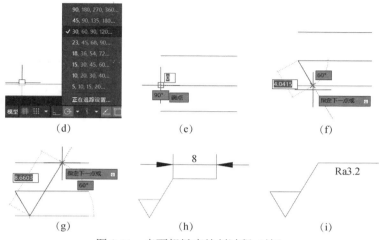

图 9-11 表面粗糙度绘制过程（续）

（2）图框。图框大小和形状应该符合相关标准，如表 9-2 所示，常用 A4 图框为纵向［见图 9-12（b）］、预留装订边格式，其他图框常用横向［见图 9-12（a）］、预留装订边格式，在设置样图时可以将所有图幅的图框都画出，也可以只画 A3 和 A4 这两种最常用的图框。以绘制 A4 图框为例，其绘图步骤如下：

①在"细实线"图层绘制长方形 210×297，如图 9-13 所示。

②用"偏移"命令将上一步长方形的 4 条边向内偏移，偏移后的 4 条内边换成"粗实线"，修剪多余线条，最终如图 9-14 所示。

表 9-2 图纸幅面基本尺寸（GB/T 14689—2008）

幅面代号	A0	A1	A2	A3	A4
$B \times L$	841×1189	594×841	420×594	297×420	210×297
a	25				
c	10			5	
e	20		10		

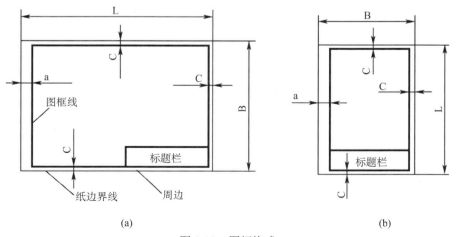

图 9-12 图幅格式

179

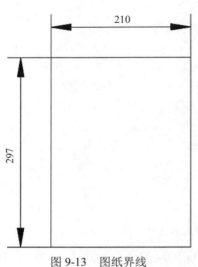

图 9-13　图纸界线

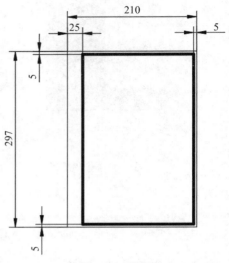

图 9-14　图框

（3）标题栏。在图框内绘制标题栏，并写上文字（中文字的字高不小于 3.5）。标题栏的格式、内容与尺寸应符合国家标准 GB/T 10609.1—2008 的规定（若采用第一角画法，投影符号可以省略不画，图样代号与投影符号合并成一格），如图 9-15 所示。

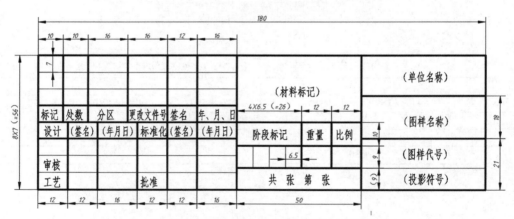

图 9-15　标题栏格式 GB/T 10609.1—2008

（4）明细栏。明细栏单独绘制在图框外，需要时再复制到标题栏上方。明细栏的尺寸和内容应符合国家标准 GB/T 10609.2—2009 的规定，如图 9-16 所示。

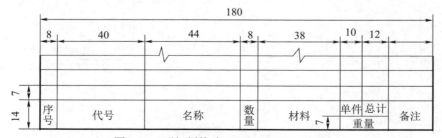

图 9-16　明细栏格式 GB/T 10609.2—2009

4. 第四步：保存为样图

（1）单击"另存为"，如图 9-17 所示。

（2）在打开的对话框中，"文件类型"选择"AutoCAD 图形样板（*.dwt）"，如图 9-18 所示。

（3）"文件名"设为"机械制图"，如图 9-18 所示。

（4）单击"保存"按钮，完成操作。

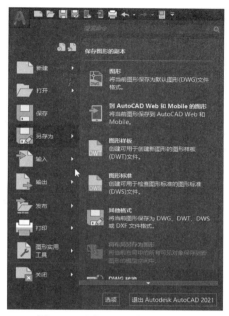

图 9-17　图形"另存为"菜单

图 9-18　文件名称

9.1.2　绘制非原值比例的专业图

绘制原值比例的零件图和装配图按绘制专业图的步骤即可完成，而根据零件和装配体的大小和复杂程度，有时需要绘制非原值比例（即非 1∶1，如 1∶2 或 2∶1 等比例）的零件图和装配图。

绘制非原值比例专业图的步骤如下：

（1）设置样图。

（2）打开样图。

（3）1∶1 绘制视图。

（4）缩放视图。

绘制 2 比 1 专业
图视频

（5）标题栏中填写比例。

（6）创建与标题栏中比例一致的新标注样式（样式名与比例一致，如样式名为 1 比 2）。

（7）用新建样式标注尺寸。

（8）编写文字。

（9）填写标题栏。

【例 9-1】 绘制如图 9-19 所示专业图，并标注尺寸，三角形为等边三角形，边长为 50，厚度 10，比例 2∶1。

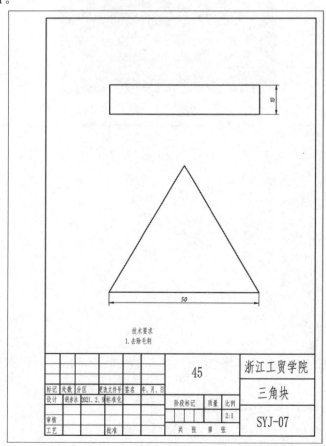

图 9-19 非原值比例专业图

操作步骤如下：

（1）单击"新建文件"命令图标 ，选中"机械制图"样图，单击"打开"按钮，如图 9-20 所示。

（2）1∶1 绘制视图。

①单击"正多边形"命令图标 。

②输入侧面数：键盘输入 3↙。

③指定正多边形的中心点或［边（E）］：键盘输入"E"↙。

④指定边的第一个端点：使用光标指定一个点（光标在三角形左下角顶点位置单击左键）。

⑤指定边的第一个端点：使用光标水平导向，键盘输入 50↙，得到如图 9-21（a）所示的正三角形。

⑥再绘制主视图，单击"直线"命令图标 ，使用光标捕捉左下角顶点（只捕捉不单击）。

⑦使用光标垂直导向，至合适距离后单击，如图 9-21（a）所示。

⑧使用光标捕捉（不单击）右下角顶点，再使用光标垂直导向，至水平和垂直追踪线相交，单击，如图 9-21（b）所示。

⑨使用光标垂直导向，键盘输入 10↙，如图 9-21（c）所示。

⑩使用光标水平导向，再使用光标捕捉（不单击）左下角顶点，至水平和垂直追踪线相交，单击，如图 9-21（d）所示。

⑪键盘输入 C↙，完成视图，如图 9-21（e）所示。

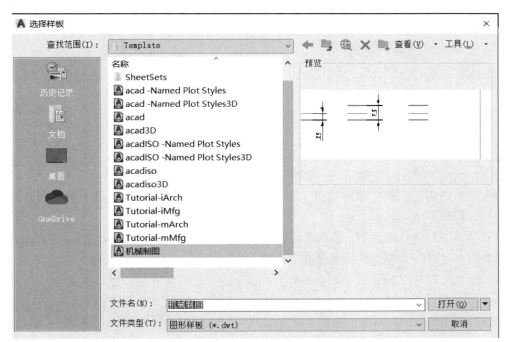

图 9-20　选样图新建文件

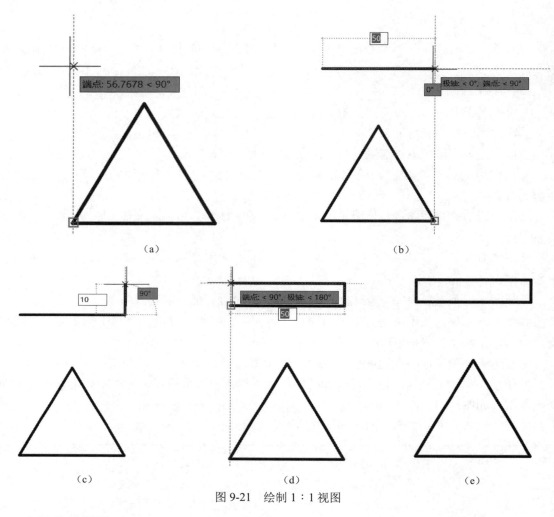

图 9-21　绘制 1∶1 视图

（3）缩放视图。

①单击"缩放"命令图标。

②选择对象：选中主视图和俯视图↙。

③指定基点：使用光标捕捉俯视图的左下角顶点，如图 9-22 所示。

④指定比例因子或［复制（C）参照（R）］：键盘输入 2↙。

⑤将放大 2 倍的主视图和俯视图移动到 A4 图框中，并调整视图间距，如图 9-23 所示。

（4）标题栏中填写比例"2∶1"，如图 9-24 所示。

（5）创建与标题栏中比例一致的新标注样式（样式名与比例一致，如样式名为 1 比 2）。

①单击"标注样式"命令图标。

②新建标注样式"2 比 1"（基础样式为直线），如图 9-25 所示，单击"继续"按钮。

③选择"主单位"选项卡，修改"测量单位比例"→"比例因子"为 0.5（与标题栏中比例成倒数关系），如图 9-26 所示，单击"确定"按钮退出，并将"2 比 1"标注样式置为当前，关闭对话框。

图 9-22 缩放视图选基点

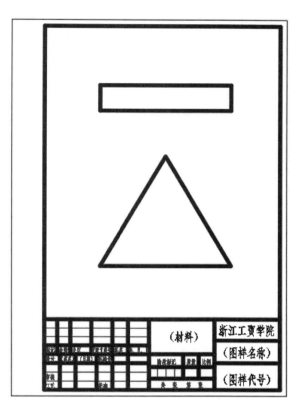

图 9-23 非原值比例视图移动到指定图框

图 9-24 标题栏中填写比例

图 9-25 新建适应缩放比例的标注样式

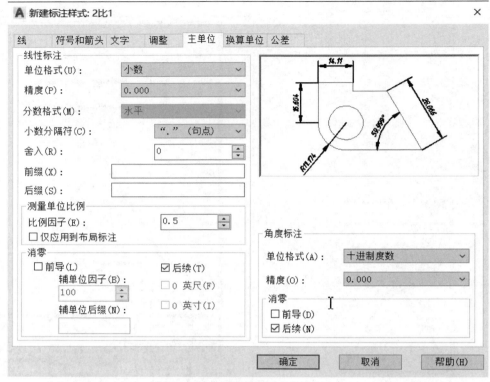

图 9-26　测量单位比例因子设置

（6）用新建样式标注尺寸。

①单击"线性"命令图标 。

②标注正三角形边长和高度尺寸，如图 9-27 所示。

图 9-27　标注尺寸

（7）编写文字，写上技术要求，如图 9-28 所示。

（8）填写标题栏的签名、日期、材料、图样名称、图样代号等，如图 9-29 所示。

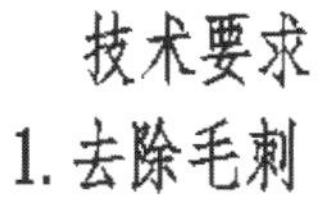

技术要求
1.去除毛刺

图 9-28　写技术要求

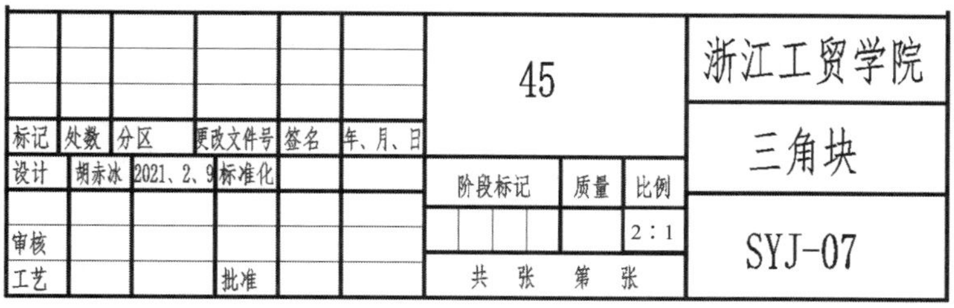

							45		浙江工贸学院
标记	处数	分区	更改文件号	签名	年、月、日				三角块
设计	胡赤冰		2021、2、9	标准化		阶段标记	质量	比例	
审核								2：1	SYJ-07
工艺			批准			共　张　第　张			

图 9-29　填写标题栏

9.2　绘制零件图

零件图应包含四大内容：一组视图、完整的尺寸、技术要求、标题栏。其中技术要求又包含表面粗糙度、尺寸公差、几何公差、工艺结构、文字说明等内容。绘制零件图应包含以上所有内容。

绘制零件图的步骤如下：

（1）新建文件，打开"机械制图"样图。

（2）1∶1 绘制视图。

（3）确定比例，缩放视图。

（4）标题栏中填写比例。

（5）创建与标题栏中比例一致的新标注样式（样式名与比例一致，如样式名为 1 比 2）。

（6）用新建样式标注尺寸。

①标注所有水平尺寸。

②标注所有垂直尺寸。

③标注直径、半径尺寸。

④标注带前缀、后缀尺寸。

⑤标注含特殊符号的尺寸。

（7）编写技术要求。

①标注尺寸公差。

②标注几何公差。

③标注表面粗糙度。

④写技术要求文字。

（8）填写标题栏。

若是零件图比例为 1∶1，则第（3）、（4）、（5）步省略。

【例 9-2】绘制如图 9-30 所示零件图。

绘制 1 比 1 零件图视频

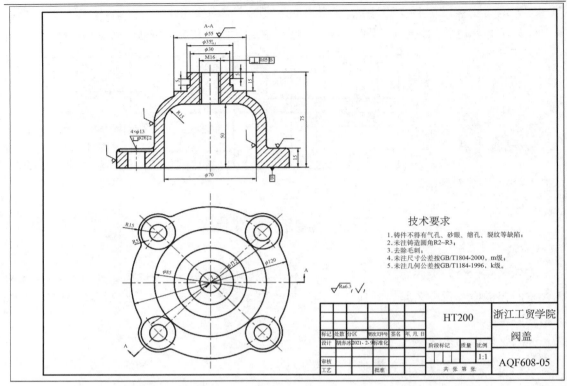

图 9-30　零件图

操作步骤如下：

（1）单击"新建文件"命令图标 ▦，选中"机械制图"样图，单击"打开"按钮。

（2）1∶1 绘制视图。

①经分析，先画俯视图更合理，画出圆心点画线，如图 9-31（a）所示。

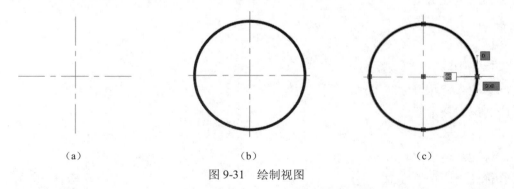

（a）　　　　　　　　　　（b）　　　　　　　　　　（c）

图 9-31　绘制视图

②（先画俯视图中最外侧的圆）单击"圆"命令图标 ⊕，绘制∅120圆，如图 9-31（b）所示。

③（接着绘制另外 5 个同心圆∅112、∅85、∅55、∅35、∅16）用夹点功能，在无命令情况下单击∅120 圆，捕捉最右端象限点，如图 9-31（c）所示，命令行出现提示：指定拉伸点或[基点（B）复制（C）放弃（U）退出（X）]，键盘输入"C"↙。

④（键盘输入连续同心圆半径值）键盘输入 56✓，再输入 42.5✓，再输入 27.5✓，再输入 17.5✓，再输入 8✓，得如图 9-32 所示图形，✓，按 Esc 键退出。

⑤接着画 4 个小圆的圆心，其过程为单击"旋转"命令图标 ↻，命令行提示：选择对象，使用光标选中水平和垂直两条点画线✓。

⑥指定基点：使用光标捕捉圆心。

⑦指定旋转角度或［复制（C）参照（R）］：键盘输入"C"✓，键盘输入 45✓，可得如图 9-33 所示图形。

⑧接着画 4 个小圆中的一个圆、R15 圆弧及 R5 圆角，其过程为单击"圆"命令图标 ⊙，绘制∅26 圆，同理绘制∅13 和 R15 圆，如图 9-34 所示。

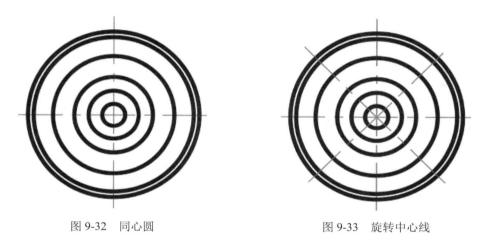

图 9-32　同心圆　　　　　　　　　　　图 9-33　旋转中心线

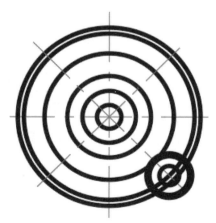

图 9-34　绘制一个圆和一个圆弧

⑨（修剪整理上一步中的圆和圆弧）单击"修剪"命令图标 ✂，单击要剪去的线段✓。

⑩（继续整理上一步中的圆和圆弧）单击"格式刷"命令图标 🖫，先单击任一点画线，再单击上一步中的点画线的圆弧，✓，如图 9-35 所示。

⑪（更改点画线线型比例）单击"特性"命令图标 ▤，选中最短点画线，在"特性"

对话框中的"线型比例"框中输入 0.3↙，再用"格式刷"使所有点画线比例与此线段相同，如图 9-36 所示。

⑫（倒圆角 R5）单击"圆角"命令图标 ■，键盘输入 R↙，再输入 5↙，使用光标选中需要倒圆角的两段圆弧，重复操作，得整理后的小圆和圆弧，如图 9-36 所示。

⑬（画 4 个小圆及圆弧）单击"圆环阵列"命令图标 ■，使用光标选中小圆和圆弧，项目数输入 4↙，结果如图 9-37 所示。

⑭（修剪上一步多余线段）单击"修剪"命令图标 ■，再单击要剪去的线段↙，如图 9-38 所示。

⑮绘制主视图，要求与俯视图长对正，过程略，最后如图 9-39 所示。

⑯绘制旋转剖的标注箭头和字母，如图 9-40 所示。

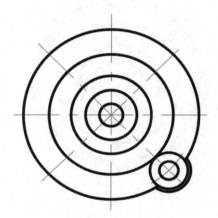

图 9-35　整理圆和圆弧

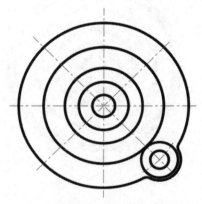

图 9-36　更改小圆弧点画线的线型比例并倒圆角

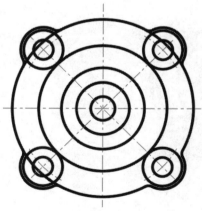

图 9-37　阵列画小圆

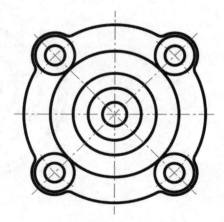

图 9-38　修剪小圆的多余线条

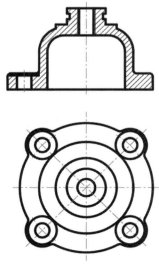

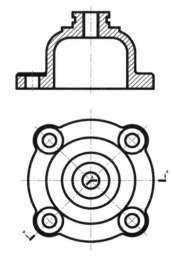

图 9-39　绘制主视图　　　　　　　　图 9-40　标注剖切箭头和字母

（3）确定比例，调用图框，将所绘视图移动到标准图框中（如果比例不是 1∶1，则先缩放再移动），标题栏中填上比例，如图 9-41 所示。本例为 A3 图框，比例为 1∶1，不需要缩放视图。

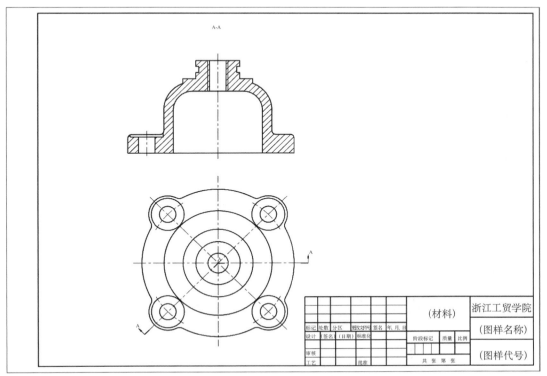

图 9-41　视图移动到图框

（4）标注尺寸。

①标注所有水平尺寸，如图 9-42 所示。

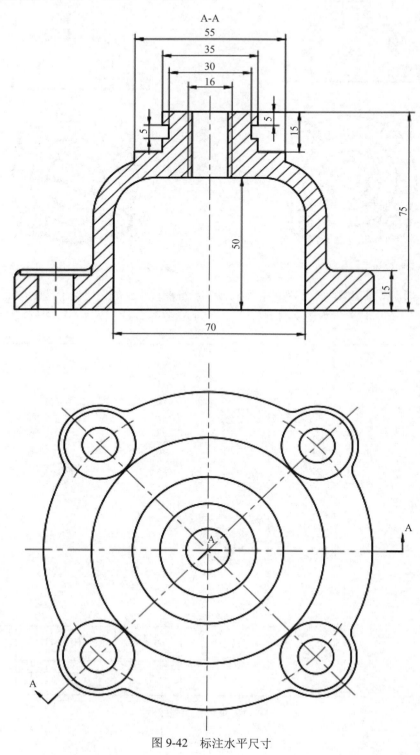

图 9-42　标注水平尺寸

②标注所有垂直尺寸，如图 9-43 所示。

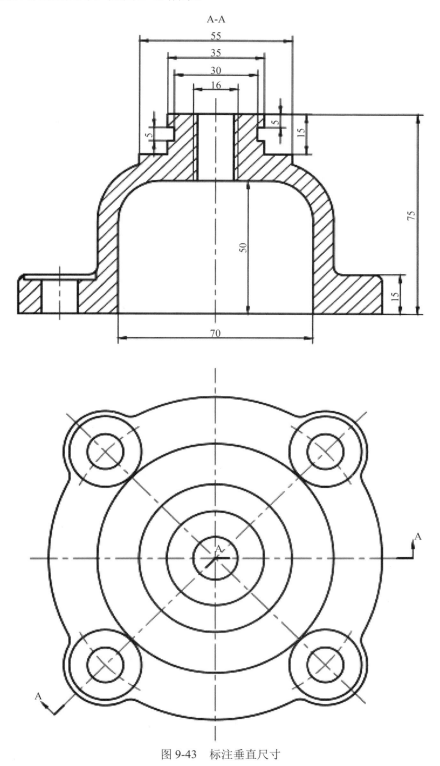

图 9-43 标注垂直尺寸

③标注直径、半径尺寸，如图 9-44 所示。

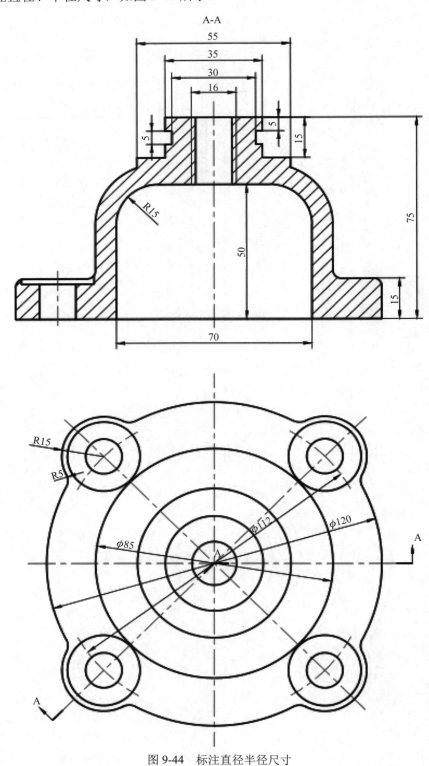

图 9-44　标注直径半径尺寸

④标注带前缀、后缀尺寸，如图 9-45 所示。

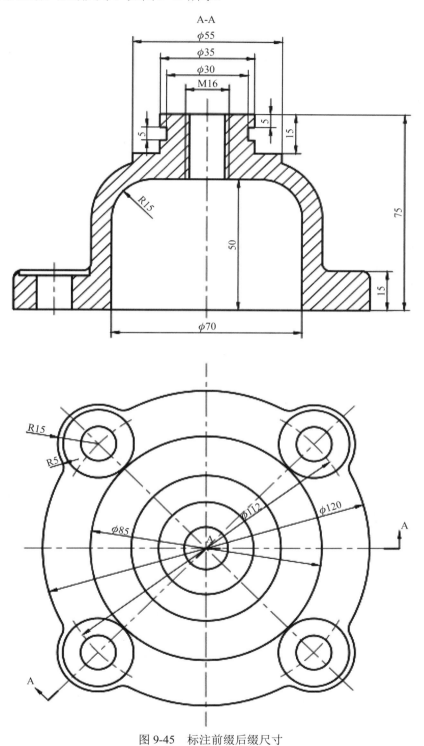

图 9-45 标注前缀后缀尺寸

⑤标注含特殊符合的尺寸，如图 9-46 所示。

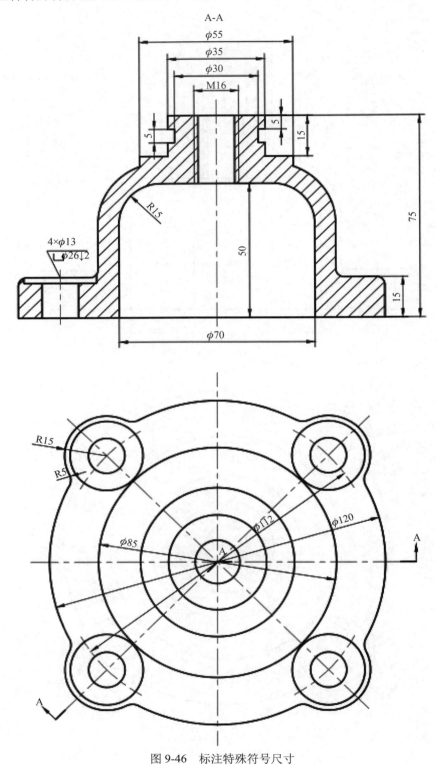

图 9-46　标注特殊符号尺寸

（5）编写技术要求。

①标注尺寸公差，如图 9-47 所示。

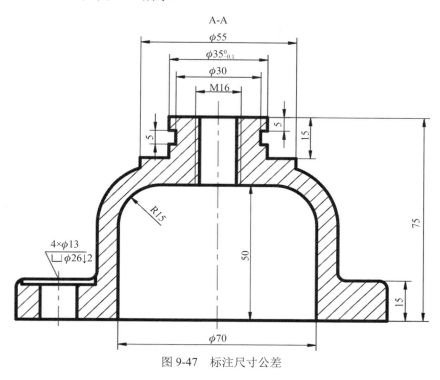

图 9-47　标注尺寸公差

②标注几何公差，如图 9-48 所示。

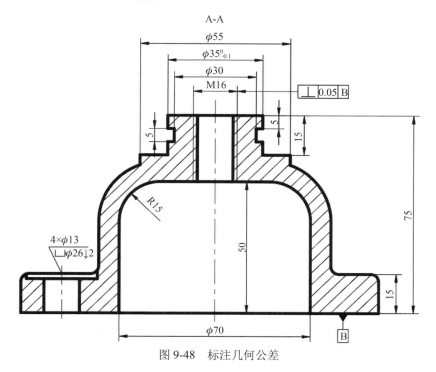

图 9-48　标注几何公差

③标注表面粗糙度，如图 9-49 所示。

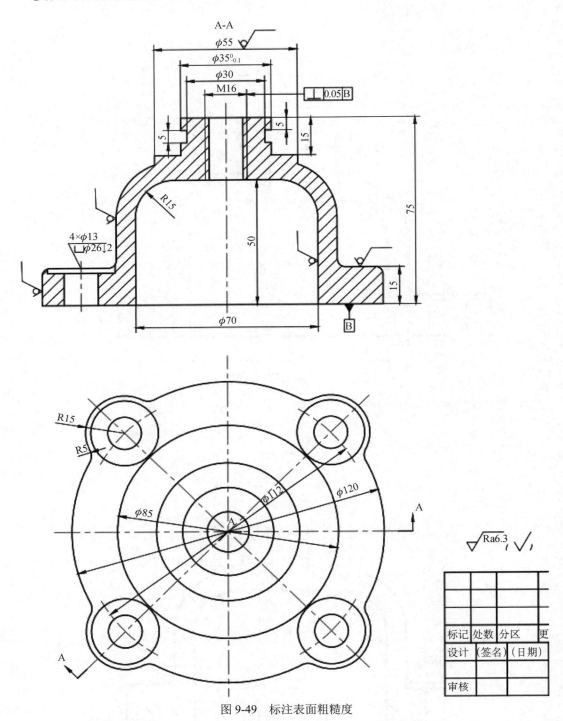

图 9-49　标注表面粗糙度

④填写技术要求文字，填写铸件有关的工艺结构要求、未注尺寸、公差等要求，如图 9-50 所示。

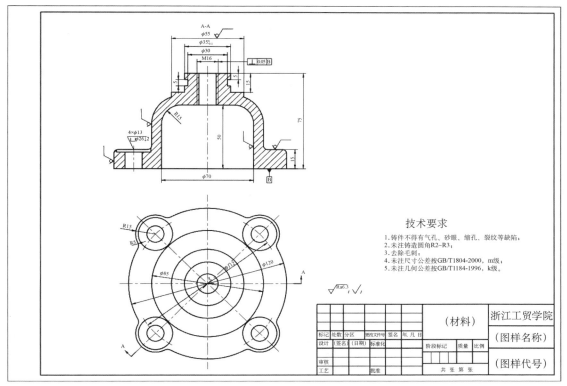

图 9-50　填写技术要求文字

（6）填写标题栏。

在标题栏内写上设计者姓名、日期、材料、比例、设计单位名称、图样名称、图样代号等，如图 9-51 所示。

标记	处数	分区	更改文件号	签名	年、月、日	HT200			浙江工贸学院
设计	胡赤冰	2021、2、9	标准化						阀盖
						阶段标记	质量	比例	
审核								1：1	AQF608-05
工艺			批准			共　张　第　张			

图 9-51　填写标题栏

9.3　绘制装配图

装配图应包含五大内容：一组视图、完整的尺寸、技术要求、标题栏、零件序号和明细栏。

绘制装配图的步骤与零件图基本相同，具体分以下几个步骤：

（1）新建文件，打开"机械制图"样图。

（2）1：1 绘制视图。

（3）确定比例，缩放视图，调用图框。

（4）标题栏中填写比例。

（5）创建与标题栏中比例一致的新标注样式（样式名与比例一致，如样式名为 1 比 2）。

（6）用与标题栏比例一致的样式标注尺寸。

①标注性能（规格）尺寸。

②标注装配尺寸。

③标注安装尺寸。

④标注外形尺寸。

⑤标注其他重要尺寸。

图 9-52　零件序号
GB/T 4458.2—2003

（7）标注零件序号。零件序号应符合国家标准 GB/T 4458.2—2003，可参考第 7 章多重引线设置和标注。零件序号格式如图 9-52 所示。

（8）调用明细栏。明细栏应符合国家标准 GB/T 10609.2—2009，其格式如图 9-16 所示。

（9）编写技术要求。装配图的技术要求与零件图不同，装配图的技术要求总体上是对机器或部件的性能、装配、检验、使用、运输等方面的要求和条件（一般写在明细栏上方），必要时也可以另成文件。

装配图技术要求内容：

①性能要求：规格、参数、性能指标等。

②装配要求：装配方法、顺序，装配时应保证的精确度、密封性等。

③检验要求：检验方法、检验标准。

④使用要求：操作、维护和保养等有关要求。

⑤其他要求：涂饰、包装、运输等。

（10）填写标题栏。装配图中标题栏的材料一栏不需要填写。

若装配图比例为 1：1，则第（3）、（4）、（5）步省略。

【例 9-3】绘制如图 9-53 所示装配图。

操作步骤如下：

（1）单击"新建文件"命令图标■，选中"机械制图"样图，单击"打开"按钮。

（2）1：1 绘制视图（按从下到上的顺序绘图）。

①先绘制底座，如图 9-54 所示。

②接着绘制起重螺杆，如图 9-55 所示。

③接着绘制旋转杆，如图 9-56 所示。

④然后绘制顶盖，如图 9-57 所示。

⑤最后绘制螺钉，如图 9-58 所示。

绘制 1 比 1 装配图视频

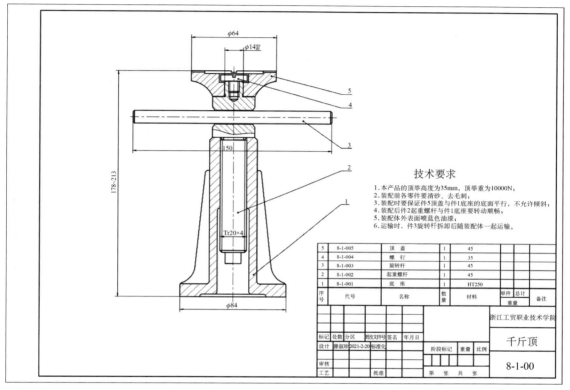

技术要求

1. 本产品的顶举高度为35mm，顶举重为10000N；
2. 装配前各零件要清砂、去毛刺；
3. 装配时要保证件5顶盖与件1底座的底面平行，不允许倾斜；
4. 装配后件2起重螺杆与件1底座要转动顺畅；
5. 装配体外表面喷蓝色油漆；
6. 运输时，件3旋转杆拆卸后随装配体一起运输。

5	8-1-005	顶　盖	1	45		
4	8-1-004	螺　钉	1	35		
3	8-1-003	旋转杆	1	45		
2	8-1-002	起重螺杆	1	45		
1	8-1-001	底　座	1	HT250		
序号	代号	名称	数量	材料	单件 总计 重量	备注

					浙江工贸职业技术学院
标记	处数	分区	更改文件号	签名	年月日	千斤顶
设计	滕淑珍	2021-2-20	标准化		阶段标记　重量　比例	
审核						8-1-00
工艺			批准		第　张　共　张	

图 9-53　装配图

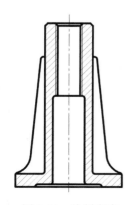

图 9-54　绘制底座

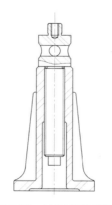

图 9-55　绘制起重螺杆

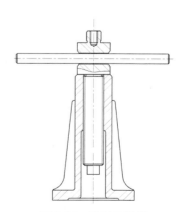

图 9-56　绘制旋转杆

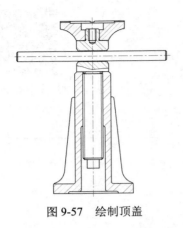

图 9-57　绘制顶盖　　　　　　　　　　　　　图 9-58　绘制螺钉

（3）确定比例（本例中选用 1∶1），调用图框（本例选用 A3 图幅），将所绘视图移动到标准图框中（优先选用 1∶1 比例，如果不是 1∶1，则先缩放再移动），标题栏中填上比例，如图 9-59 所示。

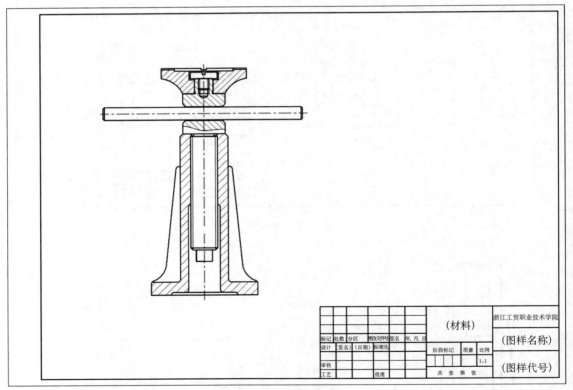

图 9-59　调用图框填写比例

（4）标注尺寸。

① 标注性能（规格）尺寸，本例中性能规格尺寸为高度尺寸（尺寸 178～213），应该标注最高、最低尺寸，如图 9-60 所示。

② 标注装配尺寸，本例中有配合要求的是顶盖和螺钉的 ⌀14 轴孔配合尺寸，如图9-61 所示。

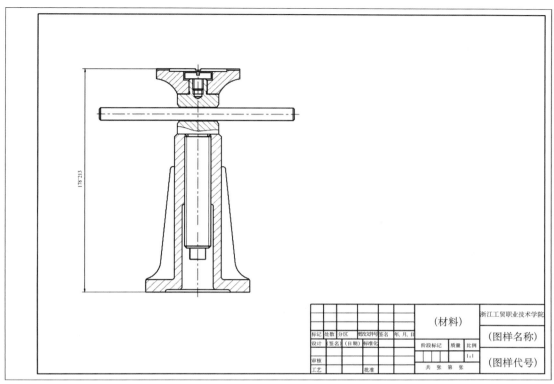

图 9-60　标注性能规格尺寸

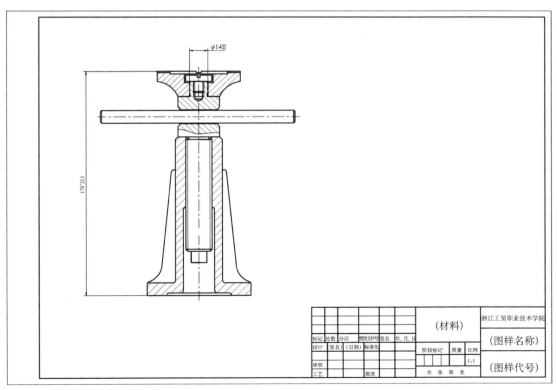

图 9-61　标注装配尺寸

③标注安装尺寸，本例中装配体是随身携带的，不需要安装，因此无安装尺寸，不需要标注安装尺寸。

④标注外形尺寸，即标注装配体的总长、总宽、总高尺寸，该装配体总体上是一个回转体，则标注最大回转直径和高度，如图9-62所示。

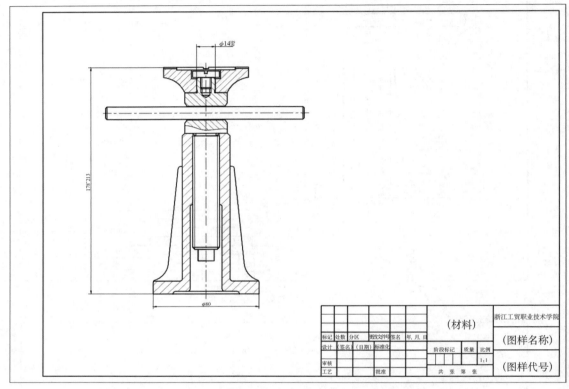

图9-62　标注外形尺寸

⑤标注其他重要尺寸，含重要螺纹、影响装配、运输的尺寸，以及其他尺寸，如图9-63所示。

（5）标注零件序号。先选择零件序号引线样式，再单击"引线标注"命令图标 标注零件序号，然后用"对齐"命令图标 使各零件序号对齐，最后写上序号，如图9-64所示。

（6）调用明细栏。将样图中的明细栏复制到标题栏上方，然后填写明细栏里的文字，如图9-65所示。

（7）编写技术要求。填写装配图的性能规格要求、装配前要求、装配中要求、装配后要求、涂饰要求、运输要求等，如图9-66所示。

（8）填写标题栏。在标题栏内写上设计者姓名、日期、比例、设计单位名称、图样名称、图样代号等，装配图中材料不写在标题栏，而是填在明细栏中，因此标题栏中材料空白不填写，如图9-67所示。

最后检查各视图、尺寸、技术要求、零件序号等位置是否合理，若不合理用"移动"命令调整，原则上视图要尽量居中，如图9-68所示。

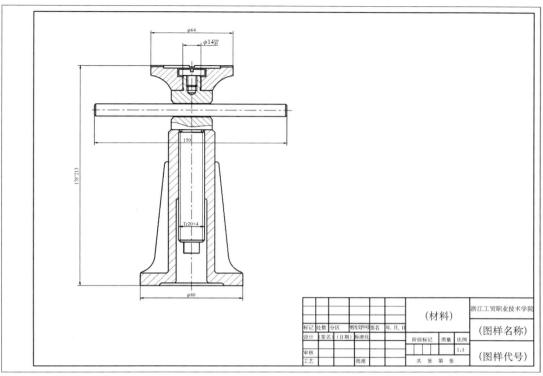

图 9-63　标注其他重要尺寸

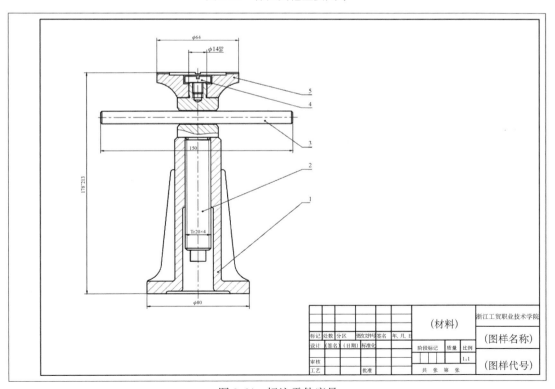

图 9-64　标注零件序号

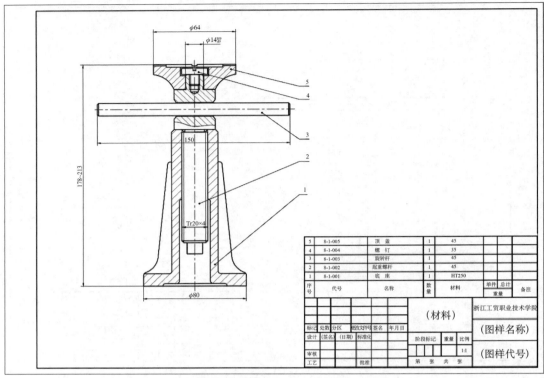

图 9-65　调用明细栏并填写

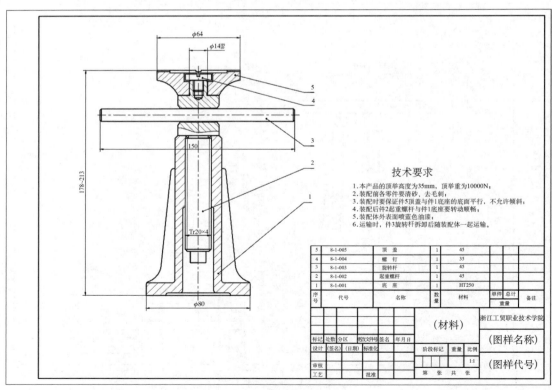

图 9-66　写技术要求文字

标记	处数	分区	更改文件号	签名	年、月、日				浙江工贸职业技术学院
设计	滕淑珍	2021-2-20	标准化			阶段标记	质量	比例	千斤顶
审核								1：1	8-1-00
工艺			批准			共 张 第 张			

图 9-67 填写标题栏

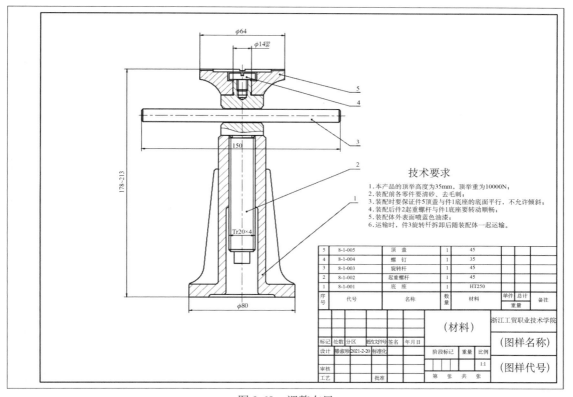

5	8-1-005	顶盖	1	45		
4	8-1-004	螺钉	1	35		
3	8-1-003	旋转杆	1	45		
2	8-1-002	起重螺杆	1	45		
1	8-1-001	底座	1	HT250		
序号	代号	名称	数量	材料	单件 总计 重量	备注

技术要求

1.本产品的顶举高度为35mm，顶举重为10000N；
2.装配前各零件要清砂、去毛刺；
3.装配时要保证件5顶盖与件1底座的底面平行，不允许倾斜；
4.装配后件2起重螺杆与件1底座要转动顺畅；
5.装配体外表面喷蓝色油漆；
6.运输时，件3旋转杆拆卸后随装配体一起运输。

图 9-68 调整布局

上机练习

1. 按最新机械制图国家标准抄画图 9-69 所示零件图。
2. 按最新机械制图国家标准抄画图 9-70 所示零件图。
3. 按最新机械制图国家标准抄画图 9-71 所示零件图。
4. 按最新机械制图国家标准抄画图 9-72 所示装配图。

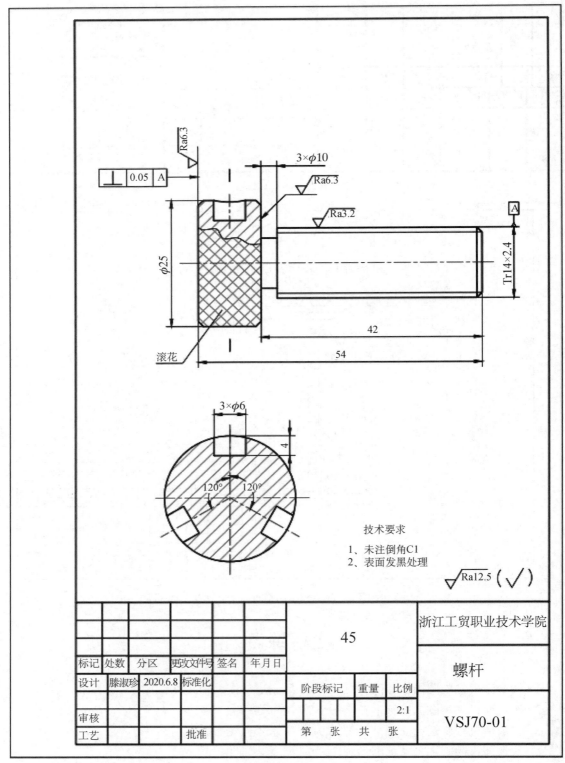

图 9-69　螺杆零件图

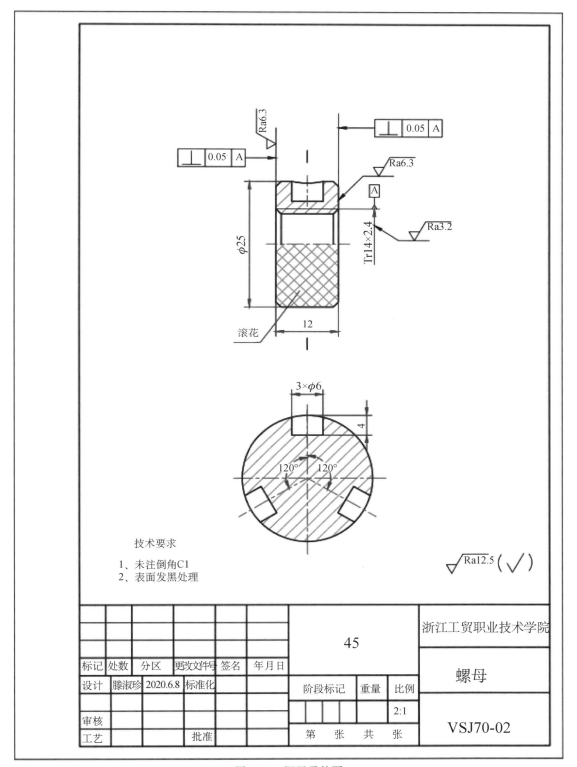

图 9-70　螺母零件图

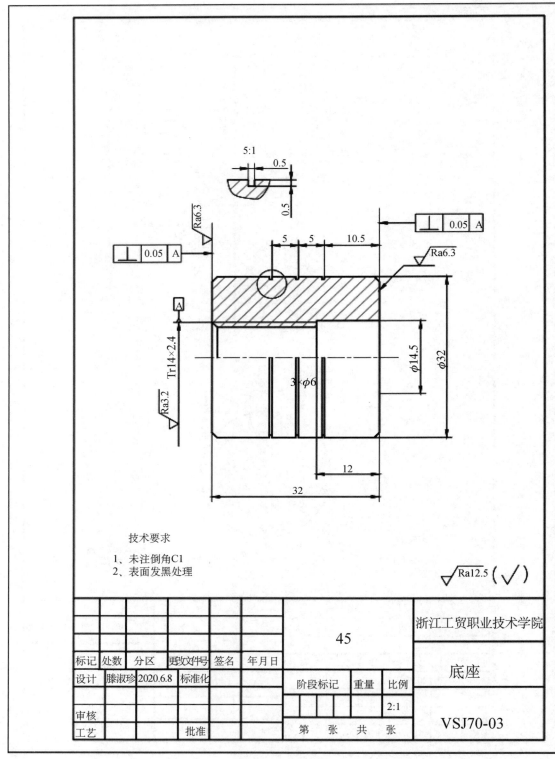

图 9-71　底座零件图

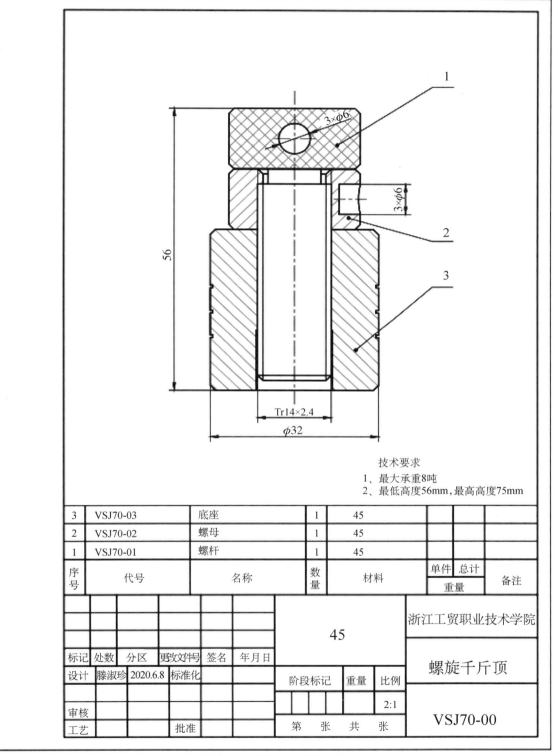

技术要求

1、最大承重8吨

2、最低高度56mm，最高高度75mm

3	VSJ70-03	底座		1	45			
2	VSJ70-02	螺母		1	45			
1	VSJ70-01	螺杆		1	45			
序号	代号	名称	数量		材料	单件　总计		备注
						重量		

							浙江工贸职业技术学院	
							45	
标记	处数	分区	更改文件号	签名	年月日			螺旋千斤顶
设计	滕淑珍	2020.6.8	标准化			阶段标记	重量	比例
								2:1
审核						第　张　共　张		VSJ70-00
工艺			批准					

图 9-72　螺旋千斤顶装配图

附录 A　执行命令的快捷键

附录 A.1　常用功能键

F1：AutoCAD 帮助

F2：AutoCAD 文本窗口

F3：对象捕捉

F7：栅格

F8：正交

附录 A.2　常用 Ctrl 类（两个键同时单击）

Ctrl+1：Properties（修改特性）

Ctrl+2：ADCENTER（设计中心）

Ctrl+O：Open（打开文件）

Ctrl+B：捕捉

Ctrl+F：对象捕捉

Ctrl+G：栅格

Ctrl+L：正交

Ctrl+N：New（新建文件）

Ctrl+P：Print（打印文件）

Ctrl+S：Save（保存文件）

Ctrl+U：极轴

Ctrl+V：Pasteclip（粘贴）

Ctrl+W：对象捕捉追踪

Ctrl+Z：Undo（放弃）

附录 A.3　字母类缩写

1. 基础操作

P：pan（平移）

Z：zoom

R：redraw（重新生成）

V：view（视图管理器）

Sn：snap（捕捉栅格）

Ds：desttings（设置捕捉和栅格）

Os：osnap（设置对象捕捉）

Bo：boundary（边界创建，包括创建闭合多段线和面域）

Al：align（对齐）

La：layer（图层操作）

Lt：linetype（线型设置）

Lw：lweight（线宽设置）

to:toolbar（自定义用户界面）

aa:area（面积）

di:dist（距离）

ma:matchprop（属性匹配）

st:style（文字样式）

un:units（图形单位）

op:options（打开"选项"对话框中的"草图"）

ch:properties（修改特性）

mo: properties（修改特性）

adc:adcenter（设计中心）

col:color（设置颜色）

att:attdef（属性定义）

ren:rename（重命名）

pre:preview（打印预览）

exit:quit（退出）

exp:export（输出其他格式文件）

imp:import（输入文件）

2. 绘图命令

a：arc（圆弧）

b：block（块定义）

c：circle（圆）

l：line（直线）

t：mtext（多行文本）

i：insert（插入块）

w：wblock（定义块文件）

h：bhatch（填充）

do：donut（圆环）

el：ellipse（椭圆）

po：point（点）

mt：mtext（多行文本）

xl：xline（射线）

pl：pline（多段线）

ml：mline（多线）

spl：spline（样条曲线）

pol：polygon（正多边形）

rec：rectang（矩形）

reg：regeion（面域）

div：divide（等分）

3. 修改命令

f：fillet（圆角）

m：move（移动）

o：offset（偏移）

x：explode（分解）

s：stretch（拉伸）

tr：trim（修剪）

ex：extend（延伸）

pe：pedit（多段线编辑）

ed：ddedit（修改文本）

sc：scale（比例缩放）

br：break（打断）

co：copy（复制）

mi：mirror（镜像）

ar：array（阵列）

ro：rotate（旋转）

len：lengthen（直线拉长）

cha：chamfer（倒角）

4. 尺寸标注

d：dimstyle（标注样式）

le：qleader（快速引出标注）

dli：dimlinear（直线标注）

dal：dimaligned（对齐标注）

dra：dimradius（半径标注）

ddi：dimdiameter（直径标注）

dan：dimangular（角度标注）

dce：dimcenter（中心标注）

dor：dimordinate（点标注）

tol：tolerance（标注形位公差）

dba：dimbaseline（基线标注）

dco：dimcontinue（连续标注）

ded：dimedit（编辑标注）

5. 文字输入

Text：单行文字输入

Mtext：多行文字输入

参考文献

[1]中华人民共和国国家标准.北京：中国标准出版社，1989—2018.

[2]陈定方.现代机械设计师手册：上下册[M].北京：机械工业出版社，2014.

[3]陈廉清.机械制图[M].3版.杭州：浙江大学出版社，2019.

[4]张春来，王玉勤.AutoCAD 2010[M].成都：西南交通大学出版社，2017.

[5]戴乃昌，汪荣清，郑秀丽.机械 CAD[M].杭州：浙江大学出版社，2012.

[6]刘德成，李慧.AutoCAD 实用教程.北京：北京邮电大学出版社，2012.

[7]吴志军.AutoCAD 2018 中文版上机指导[M].沈阳：东北大学出版社，2019.

反侵权盗版声明

电子工业出版社依法对本作品享有专有出版权。任何未经权利人书面许可，复制、销售或通过信息网络传播本作品的行为，歪曲、篡改、剽窃本作品的行为，均违反《中华人民共和国著作权法》，其行为人应承担相应的民事责任和行政责任，构成犯罪的，将被依法追究刑事责任。

为了维护市场秩序，保护权利人的合法权益，我社将依法查处和打击侵权盗版的单位和个人。欢迎社会各界人士积极举报侵权盗版行为，本社将奖励举报有功人员，并保证举报人的信息不被泄露。

举报电话：（010）88254396；（010）88258888

传　　真：（010）88254397

E-mail：　　dbqq@phei.com.cn

通信地址：北京市海淀区万寿路 173 信箱

　　　　　电子工业出版社总编办公室

邮　　编：100036